24种成功品格

——中外名人论人生——

刘洪儒/著

黑龙江教育出版社

图书在版编目（CIP）数据

24种成功品格 / 刘洪儒著. -- 哈尔滨 : 黑龙江教育出版社, 2017.7

（读美文库）

ISBN 978-7-5316-9522-6

Ⅰ. ①2… Ⅱ. ①刘… Ⅲ. ①成功心理－通俗读物 Ⅳ. ①B848.4-49

中国版本图书馆CIP数据核字（2017）第192579号

24 种成功品格

24 Zhong Chenggong Pin’ge

刘洪儒 著

责任编辑 高 璐

装帧设计 MM末末美书

责任校对 杨 彬

出版发行 黑龙江教育出版社

（哈尔滨市南岗区花园街158号）

印 刷 保定市西城胶印有限公司

开 本 880毫米×1230毫米 1/32

印 张 7

字 数 140千

版 次 2018年1月第1版

印 次 2018年1月第1次印刷

书 号 ISBN 978-7-5316-9522-6 定 价 26.80元

黑龙江教育出版社网址：www.hljep.com.cn

如需订购图书，请与我社发行中心联系。联系电话：0451-82533097 82534665

如有印装质量问题，影响阅读，请与我公司联系调换。联系电话：010-64926437

如发现盗版图书，请向我社举报。举报电话：0451-82533087

前　言

一

美国著名牧师内德·兰塞姆说："假如时光可以倒流，世上将有一半的人可以成为伟人。"古希腊哲学家苏格拉底说："没有第二次选择，这是人生的真谛。"人生，就是一部复杂的大书，古今中外有很多人走了太多太多的弯路，受到种种惩罚，付出了惨重的人生代价。历史和现实中，这样的事例比比皆是。为何？皆因没有读懂人生，不知幸福人生到底需要什么，缺乏智慧，不知如何走好人生。

二

人生百年，不可虚度，珍惜生命，提升价值。人生最重要的是生命，最希望的是幸福和快乐。如何度过人生？"人生如下棋；深谋远虑者胜。"人生，一方面要奋斗、攀登，为社会做出贡献；另一方面要树立利人利己的价值观，在人生成长的过程中与方方面面保持和谐，实现双赢。人际关系一般有四种形态，即：利人利己、损人利己、损己利人、两伤俱伤。利人利己就是双赢，双赢是无伤害行为，是人与人之间合作发展的基础。你，要与社会双赢，要与组织双赢，要与客户双赢，要与合作伙伴双赢，要与家人双赢，要与朋友双赢，要与自己双赢等等。也就是说，人生应该对得起国家（无愧于国家）、对得起组织（无愧于组织）、对得起家人（无愧于家人）、对得起自己（无愧于自己）。这样，才是成功的人生，幸福快乐的人生，平安和谐的人生，无怨无悔的人生。

三

人生不仅需要物质，更需要精神，人生一定要有正确的精神作指导，否则人生一定会走向邪路。德国著名作家歌德说："读名人名言，就是和伟人面对面（交谈）。"名人精辟闪光的格言是其一生经验的高度概括和总结，是智者永生的财富。一句富有哲理的人生格言可以影响和改变人的一生。为此，笔者在多年学习积累的一些名人格言的基础上，又翻阅了大量图书，最后进行精心筛选，从中摘录了1200多条（并配有150多幅名人照片与简介），按4个专题，即自强不息、厚德载物、圆满报身和因果法则进行编辑，每个专题下又分为6个小专题，这样就形成了24个专题，即24种品格。这些名人名言，既坚持中华民族传统文化精神，又吸收了现代成功学的基本理念，浓缩了人生智慧和精华，读后将丰富我们的人生内涵，进一步理解人生的意义和价值，使人奋进，不仅引导我们走向成功，也定会使我们终身受益。

笔者深知，本书内容定有许多不足之处，希望广大读者指正。

刘洪儒

2017年夏　于北京

目　录

第一篇　自强不息

——打造强大的精神能量

第二篇　厚德载物

——好品格是人生成功幸福的根基

第三篇　圆满报身

——圆满和谐才能拥有宁静的心灵

第四篇　因果法则

——人生就是种“因”：种善因得善果，种恶因得恶果

附件：中华名人修身经典学习资料

第一篇　自强不息

——打造强大的精神能量

追求是生命的动力，古今中外一切有成就的思想家、教育家、科学家、企业家等，都是和他们崇高的追求分不开的。衡量一个人的生命质量高低可以有多种标准，但是核心有两条：一是有没有崇高的生命追求，人有追求才有比较高的生命质量，否则就会随波逐流；二是有没有强大的精神资源、精神能量，主要是一种内在的生命活力、生命的旺盛力，这与是否有病、残疾无关。精神能量是人生生命之魂，人有强大的精神能量，才能战胜种种困难，勇往直前；才能不断挑战自己，勇于攀登；才能积极进取，不断实现自我超越。一个人物质资源的缺失，可以用精神资源去弥补；但是精神资源的缺失，却难以用物质资源弥补。一个人的成就大小，一定和他的精神资源、精神能量相匹配。人生杰出成就的背后。一定有强大的精神能量作支撑，这是杰出成功人才的本质特征。

1. 心力

天行健，君子以自疆不息（疆与强同。天体运行，周而复始，刚健有力，君子应该效法天，要有一种奋斗精神，不断地强制自己，克服私欲，力求进步，以造福天下）。

——《易经》

要有光，太阳的光是不够的，必须有心中的光。

——（法国）罗曼·罗兰

人以气为主，一身骨气，一脸英气，充满正气，必成伟才。

——曾国藩

自立自强能成大事。自古帝王将相，没有一个不是从自立自强做起的，人的刚毅气概：一是势不可挡的力量；二是坚不可摧的自信。人若无刚，则不能自立；若不自立，则不能自强。

——曾国藩

以不息为体，以日新为道。

——（唐）刘禹锡

一个人即使一无所有，甚至最艰险的时候，他也拥有选择人生态度的自由，这是任何人都无法剥夺的；当一个人领悟到生命的意义和目的时，就会产生意想不到的无穷力量。对一个人来说，人生最重要的是实现一种意义。

——（奥地利）弗兰克尔

要发现生命的真正意义，应当到现实世界中去寻找，而不是在人的内心世界寻找，这是基本特征，我称之为“人存在的自我超越”。

——（奥地利）弗兰克尔

人探索生命的意义，是其生命的原动力。在恶劣环境中能够坚持下来，主要来源于对生命意义的认识。

——（奥地利）弗兰克尔

人生活在“意义”之中，一旦我们了解了生活的意义，就已把握了生命人格的钥匙。

——（奥地利）阿德勒

信仰可以创造奇迹。

——（美国）马克·吐温

我们毫无武装地来到这个世界上，心是我们唯一的武器。

——（美国）埃兰特

成功者与失败者的巨大差异在于心能的差异：心强—志强—力强；心弱—志弱—力弱。凡成功者，都具有强大的心能；相反，凡失败者，都是心力不足。

——佚名

成功的关键在心态。成功者，怀有积极的心态，具有“求胜性格”，表现的是一种自信、一种生命力。这种心态是心灵的火种。它吸引财富、成功、幸福、快乐和健康。相反，失败者，怀有消极心态，具有“求败性格”，表现悲观、恐惧、麻木、脆弱，这种心态是心灵的疾病和垃圾，它排斥财富、成功、幸福、快乐和健康。这是影响人生成功的一切因素中最简单也是最深奥的学问。

——晓力

降魔者，先降自心，心伏，则群魔退听；驭横者，先取此气，气平则外横不侵（要想降伏恶魔，必先降低心中的邪念，只有除去邪念，那么，所有的恶魔才会自然消除；要想驾驭悖礼违纪的事情，必先控制自己浮躁的情绪，只有控制好浮躁的情绪，那么外来的悖乱事情才不会浸入）。

——《菜根谭》

成功是由内而外，而不是由外向内的。

——（美国）麦克斯威尔·马尔茨

善恶二根，皆因心造。

——佛经《五灯会元》

治心之道，先去其毒，外在的毒恶是愤怒，内在的毒恶是私欲。

——曾国藩

夫万事万物之理，不外于我心。破山中贼易，破心中贼难。

——（明）王守仁

能战胜自己内心的人，比攻陷一座城堡的人更为坚强。

——《圣经》

胜人者有力，自胜者强（能够战胜别人是有力的表现，但能够战胜自己的人才算是坚强）。

——老子《道德经》

保持良好心理状态的能力，主宰人生命运的成败，皆源于健康的心态。

——赵中川

一个健全的心态，比一百种智慧都有力量。

——（英国）狄更斯

自信力具有不可思议的力量，它能促人克服困难，成就事业。

——（美国）奥格·曼狄诺

有信心的人，可以化渺小为伟大，化平庸为神奇。

——（爱尔兰）萧伯纳

信心是命运的主宰。

——（美国）海伦·凯勒

要永远记住：你的心灵是你一生的宝藏，你要不断挖掘它。

——（美国）戴尔·卡耐基

在一切的天才之上，有一种称为自己的声音的东西，是属于自己的音调。这种音调，在其他人的喉咙中是发不出来的。

——（俄国）屠格涅夫

人生要警惕的五种危机：

（1）目标危机——没有人生导航图，找不着方向；

（2）信念危机——掉进自卑的深坑，缺乏挑战的勇气；

（3）心理危机——一切归罪于外，无法治愈的心病；

（4）关系危机——上下、左右，到处是疙瘩；

（5）行动危机——只播种无收获，只开花不结果。

——远光《永不放弃》

当我们在实现目标陷入困境时，往往不是我们要学习一门新的技术，而是我们遇到了心理障碍，除非我们解决这种障碍。否则世界上所有的好意见、好办法，都不能让我们去克服困难，实现自己的目标。

——（美国）詹姆斯·法迪曼

我们这一代人的最大发现：人能改变心态，从而改变自己的一生。

——（美国）威廉·詹姆斯

精神是生命的支柱。

——（美国）加德钠

人类被赋予一种工作，那就是精神的成长。

——（俄国）列夫·托尔斯泰

我的个性是，在精神上，我必须找到一种方法战胜对手。

——（美国）迈克尔·乔丹

人与动物的区别，在于他内在的、无形的力量和价值。

——（印度）泰戈尔

所有伟大的成就，后面必有不屈的信念支撑着，让自己内心藏着一条龙，既是一种苦刑，更是一种乐趣。

——（法国）雨果

人生不能重物质轻精神。物欲，不能离开精神；财富，不能离开心安；人生，不能离开信仰。信仰是人生灵魂之光，它将照亮人生前进之路。

——赵晓

人生的精神是无形的，物质是有形的，人生是“无形”决定“有形”，只有无形的精神是健康的，有形的物质才会坚固。精神的失落，比灾难和不幸更可怕；精神的复归，比金钱和财富更可贵。

——晓力

精神的问题，只能求助于精神才能化解；心灵的疙瘩，只能由心灵加以抚平。

——郑晓江

我们每个人都有一种伟大的内在力量。如果你能发现并利用它，那你就会明白。你完全能实现自己的梦想。

——（美国）奥里森·马登

人生有最佳的精神状态，才会有最杰出的成就。

——（美国）皮尔

人的意识有两个特征，即注意和意图。注意产生能量，意图导致转化。凡是你关心的东西，都会在你生活中强大起来；凡是你漠不关心的东西，都会枯萎、消亡。意图诱发巨大的能量，组织实施你心中的梦想。

——（印度）迪帕克·乔普拉

一个人成长的过程，不仅是肌肉和体格的增强，而且随着身体的发展，精神和心灵也同时扩大。

——（英国）莎士比亚

意识有无穷的力量，可以直接影响物质。心可生物，心可转物，心可成物。“心”就是“能”，“物”就是“质”，“能”可生“质”，“质”“能”互变，这就是“意识科学”。意识能量是财富的种子，而财富是意识能量的果实。

——（中国香港）顾修全

人类是孜孜不倦地不断探索对神秘事物的无知，踏出一条深深的小路，才逐渐认识到精神的力量。精神是一种伟大的情感，一种创造的力量。

——（苏联）高尔基

人有三种基本素质：（1）身体素质是基础；（2）技能素质是主体；（3）精神素质是导引。人是靠精神支撑的，精神价值观是人的灵魂，现实生活中，很多人的失败不是缺技能，而是缺精神。

——一凡

精神的人格，比生活的人格更加敏感、更加活跃。

——（法国）巴尔扎克

我是刚强的，无论是钢刀，无论是烈火，我都不害怕。

——（俄国）普希金

斗争是艰苦的，但斗争是一种享受。斗争是生命意义的所在。

——（法国）罗曼·罗兰

知识会变成信仰，信仰反过来又点燃强烈的求知欲。

——（苏联）高尔基

我要强调的是，精神的力量是无穷和无价的，勤奋、敬业、忠诚、主动正是我们人生最宝贵的精神财富。

——（美国）阿尔伯特·哈伯德

生命力，能使人前途光明。

——（美国）本杰明·富兰克林

想要生命之花开得更灿烂，就必须从肯定自己开始，肯定自己是自信心的来源。信心的力量是令人惊叹的，相信自己会成功的人才能成功。

——（美国）海伦·凯勒

意识与潜意识之比较：意识是思考与想象、发布命令、分析判断、做出选择；而潜意识是记忆储存、加入感情因素、寻找经验和行为模式照着做。意识是已知能量，潜意识是未知能量，是人心理活动的基本动力，是人动机和意识的源泉。

——王通讯

我们在工作和生活中处理问题的方式，大都不是靠我们的显意识，而从潜意识中而来。

——（美国）查尔斯·哈奈尔

显意识是策划者，潜意识是执行者，潜意识能够并且必将执行显意识交付的一切计划和使命，二者珠联璧合，配合得天衣无缝。

——（美国）查尔斯·哈奈尔

一个人的想法、做法和感受决定了他是一个怎样的人，而这些想法、做法、感受在潜意识中都会留下记忆、留下储存。因此，做一个强者还是一个弱者，做一个成功的人还是一个失败的人，都是由自己决定的。

——一凡

潜意识的十大特征：

（1）能量强大（潜意识是意识的三万倍）；

（2）无选择性，分不清好坏，来者不拒；

（3）种什么收什么，种优良的收优良的，种坏的收坏的；

（4）容易接受与情感有关的资讯；

（5）反复刺激才能记得牢；

（6）你要放松才能好沟通；

（7）喜欢愉快而又自信的人；

（8）喜欢直来直去，不知拐弯；

（9）喜欢图片，不懂逻辑；

（10）分不清亲身经历的景象和想象中所产生的图像。

潜意识的这些特征，用一句话来概括，就是“一个不懂事的大孩子”，它能量强大，但又分不清好坏。

——王通讯

运用潜意识的六个步骤：

（1）明确目标，想清楚自己想干什么；

（2）学会自我放松；

（3）对未来形象地勾画出一幅图画；

（4）设计一个思想主题词（如“我是最好的”“我可以做到”）；

（5）将主题词植入你的潜意识；

（6）坚持每天有意识地进行这种练习，直到它在你的行动中起作用。

——刘言

潜意识就像一块肥沃的土地，如果不播下好种子，就会杂草丛生。

——（美国）拿破仑·希尔

信心是第一号化学家，当信心混合在思想里，潜意识立刻拾起这种震撼，把它变成相等的精神力量。

——（美国）拿破仑·希尔

最强大的敌人往往是自己，当你学会了战胜自己，你将发现你的“内在世界”征服了外在世界：你将攻无不克，战无不胜；人和事都会按照你的愿望做出回应。

——（美国）查尔斯·哈奈尔

世界上万事万物并不是杂乱无章的，而是遵循着一定的规律。人的精神世界也存在着规律，各种规律都在控制着我们的道德世界和精神世界。切记：寻求外在的帮助是软弱的，我们的思想才是我们能力和力量的源泉。

——（美国）查尔斯·哈奈尔

思想统治着内在世界，内在世界不可触摸，但它的确存在，它的强大超出你的想象。这是一个由思想、感觉、力量等要素构成的能动的世界。

——（美国）查尔斯·哈奈尔

自我意象将控制你能做哪些事、不能做哪些事，你的一切行为、感受、举止甚至才能，都始终与你的自我意象相符。

——（美国）麦克斯威尔·马尔茨

心灵的韧度，就宛如混凝土中的钢筋，对人生的发展是一种至关重要的品格。

——李子

精神能量极具创造力，拥有精神能量意味着你能感悟自然的基本法则，与伟大的自然融为一体，使你拥有取之不尽、用之不竭的力量源泉。

——（美国）查尔斯·哈奈尔

人类最强大的力量是精神力量，它虽然无形，但却不容小觑。精神力量得以显示的唯一途径是思维过程，而观念是思维活动的唯一产物。

——（美国）查尔斯·哈奈尔

精神能量的获得同身体力量的获得一样，是通过锻炼达到的。当我们反反复复一遍又一遍地思考时，就会形成一种精神习惯。

——（美国）查尔斯·哈奈尔

21世纪最震撼人心的突破，将不是来自技术的进步，而是来自作为人这一概念的扩展！

——（美国）约翰·奈斯比特

意识有如冰山浮出水平线的一角，而潜意识就是藏在水平线下那巨大的冰山。

——（奥地利）弗洛伊德

编按：弗洛伊德，奥地利心理学大师。他创立了精神分析学说，被人们称为“精神领域的哥伦布”，主要著作有《解梦》《精神分析引论》等。

潜意识就像一个无形的巨人，随时可以接受你的指挥，为你做任何事情。认识潜意识，就是认识另外的自我。

——任柏良《成功红皮书》

伟人能看出精神胜过一切的物质力量，也明白这个世界是由精神驾驭的。

——（美国）杜拉克

编按：杜拉克，美国管理大师，被称为“现代管理之父”，他最早提出竞争策略、目标管理、创业精神、知识工作者等，他有数十部著作，涉及管理中的战略、营销、组织、人力、生产、研发等诸多职能，都有较全面的论述。

我们每个人都生活在心灵的世界中，我们要自觉利用心灵的力量，即：1. 思考的力量；2. 渴望的力量；3. 知觉的力量；4. 信仰的力量；5. 乐观的力量；6. 选择的力量；7. 想象的力量；8. 专注的力量；9. 决心的力量；10. 学习的力量；11. 给予的力量；12. 爱的力量；13. 坚持的力量；14. 意志的力量。

——（美国）华特·史代普斯

编按：史代普斯，美国心理学博士，知名作家，现任史代普斯训练及发展协会总裁，从事人才潜能开发训练。

心者，人之神明，所以具众理而应万事者也（心主宰人的精神，所以人的种种思想、观念而应对万事万物）。

——朱熹《四书章句集注》

慌“理”未必有“力”，人生成功必须从“心理”转向“心力”，心力越强，应对挑战的能力越强，也就越容易取得极限的成功。

——吴甘霖

心是人的主宰，心是生命的统帅。心既是物质，也是能量体，心的能量大小决定一个人的健康和智能程度。

——凡夫子

夫心力最大者，无不可为。

——谭嗣同

信念有三个重要元素，即观念、想象、情感。

——佚名

推动一个人前进的力量主要是情感，再加上理性的认同，效果才会出现。因此人生成功是感性和理性的共鸣。

——（中国香港）李中莹

人胜不了天，但可以胜自己。

——史铁生

编按：史铁生，是一位老知青，21岁因病下肢瘫痪，近40年一直在轮椅上度过，后又得了尿毒症，一周透析三次，贫血、缺氧、无力在折磨着他。但是他以顽强毅力坚持写作，成为著名作家，获得“鲁迅文学奖”等奖项，被人称为“钢铁战士”，2010年12月去世，终年60岁。

有条件要上，没有条件创造条件也要上。宁可少活二十年，拼命也要拿下大油田。

——铁人王进喜

编按：王进喜，大庆石油钻井队队长。1960年国家经济困难时期，国家在大庆进行石油会战，钻井井喷。王进喜冒着严寒跳进水泥池。用身体搅拌泥浆，压下井喷，但王进喜身上被水泥烧起大泡。他被称为“铁人”。“铁人精神”是一面旗帜、一种力量、一种标志，成为中国人的一种重要精神象征。

一个人经过不同程度的锻炼，就获得了不同程度的修养、不同程度的效益。有些人之所以不断成长，绝对是一种坚持的力量。

——杨绛

编按：杨绛，中国著名作家、戏剧家、翻译家。1997年女儿钱瑗去世，1998年丈夫钱钟书去世，这时她已87岁。她压抑巨大悲痛，以惊人的勇气坚持写作，93岁出版散文随笔《我们仨》，96岁出版《走在人生边上》，102岁出版250万字的《杨绛文集》等，同时还亲自整理出版了钱钟书几百万字的手稿、外文笔记等。她把自己和钱钟书的近千万元稿费赠给母校清华大学设立“好读书”奖。这就是信仰和人格的力量。杨绛2016年5月去世，终年105岁。

心无力者，谓之庸人。报大仇、医大病、解大难、谋大事、学大道，皆以心之力。

——（清）龚自珍

编按：龚自珍，清代著名思想家、文学家，他的诗文揭露了当时封建社会的腐朽。提倡经世致用，将国家、民族与个人融合在一起，表现了一种博大的胸怀。

自作主宰，使心自立（自己主宰自己的心灵，使心“自立”，不受外界事物的干扰）。

——（宋）陆九渊

编按：陆九渊，宋朝著名哲学家，创立“心学”。他清正廉明，秉公执法，去世后送葬百姓达数千人。代表著作有《养心莫善于寡欲》《陆九渊集》等。

物质不灭，宇宙不灭，唯一能与苍穹比阔的是精神。任何民族都需要自己的英雄。真正的英雄具有那种深刻的悲剧意味：播种，但不参加收获。这就是民族脊梁。

——金一南

编按：金一南，国防大学战略研究所所长，博士生导师、教授，少将军衔，连续三届被评为国防大学“杰出教授”。代表作有《国家安全论》《军人生来为打胜》《浴血荣光》《心胜》《苦难辉煌》《世界大格局中国态度》等，其中《苦难辉煌》荣获中华优秀出版物大奖。

人生与残疾毫无关系，人生只要无心理障碍，就会有美好幸福的人生。

——（日本）乙武洋匡

编按：乙武洋匡生下来就没有胳膊、没有腿。但他在母亲精心教育下以顽强毅力读完小学、中学、大学，学会了跑步、爬山、游泳、打球等。做过电视台节目主持人，现在是日本一位中学老师、他写的《五体不满足》感动了日本社会。

我并不认为自己是个残疾人，你只要想做就没有做不到的事，就看你想不想去做了。

——（美国）鲍勃

编按：鲍勃在越战中失去了下半身，他为了给国际红十字基金组织募集款项，用3年零8个月6天的时间“跑完”了从洛杉矶到华盛顿大约5000公里的路程。他用坏了“手卡子”达300多副。

成功始于战胜自己。我要扼住命运的咽喉，决不向它屈服，用痛苦换来的欢乐是最深刻的欢乐。

——（德国）贝多芬

编按：贝多芬，德国著名音乐大师，他27岁时因病失去听觉，一个搞音乐的人失去听觉，这是多么大的打击。但他不向命运屈服，以惊人的毅力投入到音乐创作中。他一生最著名的九部交响乐作品都是在耳聋之后创作的，被称为“有史以来最伟大的作曲家”。

2. 立志

道——自己有一条属于自己的路，有时宽广，有时狭窄，有上坡也有下坡，还有时举棋不定。但是，只要有坚定的信心，满怀希望地走下去。路必然越走越宽广。那时，发自内心的喜悦，将会油然而生。

——（日本）松下幸之助

要想画好翠竹，先要胸有成竹；万丈高楼起始于一张设计图纸，因为你无论建造什么，你总是在计划的基础上进行建造。人生发展也是如此，总要给自己设定一个目标。

——（美国）查尔斯·哈奈尔

一切的成就，一切的财富，一切的快乐，都始于一个意念。

——（美国）拿破仑·希尔

想要，你才会得到。

——《圣经》

人生意义究竟何在？一个头脑清醒的人，要想想应该怎样度过自己的一生。

——（俄国）列夫·托尔斯泰

夫志，气之帅也。

——孟子

百学须先立志。

——朱熹

太上有立德，其次有立功，其次有立言，虽久不废，此谓之不朽。

——《左传》

人生有三件事：立言、立功、立德。立言靠天赋，立功靠机缘，立德靠一生看似平凡的坚守。

——冯友兰

志之所趋，无远勿屈，穷山距海，不能限也。志之所向，无坚不入，锐兵精甲，不能御也（人若志存离远，则没有不可实现的目标，纵是山海尽头，也不能阻止其追求理想的步伐；志气坚定，则无攻不破的壁垒，即使是精兵坚甲，也无法抵御他的坚定信念）。

——（清）金缨《格言联璧》

咬定青山不放松，立根原在破岩中。千磨万击还坚劲，任而东南西北风。

——（清）郑板桥

富贵不能淫，贫贱不能移，威武不能屈（财富地位不能使其迷惑腐化，贫苦穷困不能改变其志向，权势武力不能使其屈服变节）。

——《孟子·滕文公下》

当我们树立一个目标、抱有一种信念，这种目标、信念就会进入我们的潜意识，并控制我们的心智和行为。

——（美国）查尔斯·哈奈尔

人活一世，总要做一些事情，不管你是什么身份，请给自己一个使命。

——李居明

命为志存。

——张国春

请你下个决心。记住：人生是决心，而非环境决定你的命运。

——陈安之

一个人梦想的高度，就是人生的高度。

——（法国）拿破仑

梦想—启动理想—启动信念—启动计划—启动行为—形成结果—造就人生。人生没有梦想，不会有理想；没有理想，不会有信念；没有信念，不会有计划；没有计划，不会有行动；没有行动，不会有成果；没有成果，不会有幸福。

——晓力

立志是成才之本。人生一旦确立了梦想目标，就蕴藏着非同寻常的意义，他就不会虚度一生。

——田野

古往今来，那些成为历史和生活中的脊梁人物，其成功的起点都来自正确的人生定位。

——喜子

当追溯到原点思索时，人生的一切无非根植于个人的梦想和目标，要想拥有美好的人生，须先给自己一个奋斗的方向，这是人生幸福的起点。

——（美国）戴尔·卡耐基

人生成功必有源头，这个源头就是梦想和自信。

——（法国）拿破仑

人生之要事，在于确立伟大的目标和实现这个目标的决心。

——（德国）歌德

生命中最快乐的在于有所追求，人生只要肯努力追求，就必然会有许多美好的时刻。

——（苏联）高尔基

人才的高下，视其志趣。古往今来，能成就大事业的人，没有一个不是从立志开始的。

——曾国藩

不管生在哪个时代，人的本质是一样的，即追求人生的善和不朽，把所有的价值留给后代，这样，我们才会说："我努力工作，有所贡献，我是一个快乐的人。"

——（日本）稻盛和夫

我常常重复这样一句话：一个人追求的目标越高，他的才能就发挥得越快，对社会就越有益。我确信这个真理。

——（苏联）高尔基

立志、工作、成功，是人类活动的三大要素。立志是一件很重要的事情，工作随着志向走，成功随着工作来，这是一定的规律。

——（法国）巴斯德

要有生活目标：一辈子的目标，一年的目标，一个月的目标，一星期的目标，一天的目标，一小时的目标，还要为大目标牺牲小目标。

——（俄国）列夫·托尔斯泰

设计目标的好处：

（1）目标是施工蓝图，是我们行动的依据；

（2）目标能使我们看清使命，是积极进取的动力；

（3）目标使人不断挑战自己，激发斗志；
（4）目标使人能分清主次，把握重点；
（5）目标能使我们从工作过程转向工作结果，便于检验；
（6）目标能充实人生意义，不断达成目标，不断享受人生的幸福和快乐。

——（美国）吉米·道南

构建目标的内涵：
（1）目标把自己和过去区别开来；
（2）目标把自己与其他人区别开来；
（3）目标把卓越与平庸区别开来；
（4）目标把“有为人”与“自然人”区别开来；
（5）目标把勤奋与安逸区别开来。

——（美国）吉米·道南

人生一定要有定位。人生有了定位，有了使命感，才活得有意义，有价值，有个性，有格调。使命感，是人生心灵的呼唤，是一种催人奋进的强大动力。

——晓力

人生一定要做一番事业，否则不足以受到人们的尊重。

——（法国）拿破仑

生活中有三种人：（1）可悲的人：没目标，没行动；（2）可怜的人：有目标，没行动；（3）可敬的人：有目标，有行动。什么是成功人生？成功人生，就是多个有意义目标的连线。

——一凡

实现目标的四条法则：
（1）想象成功——构建目标是想象，是建立在开发能力的基础上的；

（2）思考成功——成功有规律，必须注重思考；
（3）相信成功——只有坚信才肯下决心去做；
（4）行动成功——付诸行动，一步步实现梦想。

——（美国）华特·史代普斯

目标太高，不妨使之阶梯化，把大目标分解为若干小目标，一步步地向大目标迈进。阶梯化，是一种重要的成才策略。

——王通讯

在10年、20年，甚至30年之后，有三种人之间的差别会极大：第一种人设下渐进的目标，一步步地达到；第二种人目标遥不可及，没有达到；第三种人是从未立下远大的目标。

——（日本）稻盛和夫

人生一定要有自己的攻坚战略，这是实现人生价值的最佳体现。人没有战略，就没有明天。

——（美国）奥格·曼狄诺

人生有了物质，才能生存；人生有了理想，才谈得上生活。

——（法国）雨果

成功等于目标，其他都是这句话的注解。

——（美国）博恩·崔西

人生须有目标，否则精力全属浪费。

——（古希腊）彼得斯

我们处于什么地方不要紧，关键的是我们正在向什么方向移动。

——（意大利）哥伦布

人生最可贵的，就是立志不流于俗人。

——梁启超

夫英雄者，胸有大志，腹有良谋，有包藏宇宙之机，吞吐天地之志者也。

——曹操

人生最重要的是要有远大的目标。有目标的人，不管是年轻还是年长，都会为了目标勇往直前，神采奕奕。

——曹操

一个人所掌握的最大力量，就是选择的力量。成千上万的人穷其一生在困苦中生活，皆因他们没有意识到这种力量。

——（美国）马丁·科尔

选择比努力重要。天道酬勤，是建立在正确选择基础上的，否则，一旦选择错误方向，付出越多，损失就越大。

——（美国）梭罗

你的选择决定成败，所以对未来的道路要深思熟虑，然后做出选择。选择一旦做出，要相信自己，果断起身，勇敢前进。

——（意大利）托尼诺·格拉

把目标写出来，无数的研究结果表明，一旦我们把自己的目标和抱负变成书面的东西，我们实现它的机会就会大大增加。

——（美国）杰克·霍吉

为自己设立一个比预期更高的目标，是对自己人生负责的态度。有理想的人，他不会在碌碌无为中虚度人生，将目标定得高远，人生境界也随之提高。

——（美国）朗费罗

成功就是事先树立有价值的目标，被循序渐进地变为现实的过程。这一过程，因平衡而得以坚固，因信念而具有意义。记住：人生成功的根基是方向、平衡和信念。

——（美国）格莱恩·布兰德

任何一个人只要认准目标，积累十年，即可以成为一个专家。

——鲁迅

决心即力量，信念即成功。如果你认为自己十分杰出，你就真的会很优秀，如果你认为自己不可能赢，最后只能是失败。

——（美国）罗伯特·科利尔

人生成功就是信念法则。要想成功，首先要相信成功，然后才会下决心去做。

——（中国香港）李中莹

坚定不移之志，方能成可大之功。

——苏轼

信心是一种心理状态，可以用自我暗示的方式把它诱导出来。自我暗示，是建立信心的最佳最直接的方法。

——（美国）拿破仑·希尔

所谓信念，就是根据自我暗示，在潜意识中反复重复所形成的一种精神状态。

——（美国）拿破仑·希尔

做自己，并成为我们能成为之人，这是生命的唯一目的。

——（美国）史蒂文森

人生的追求说到底是四个问题：我是谁？我要干什么？我能干什么？我如何干？

——（德国）康德

历史和现实中，很多人的失败，不是没有知识和能力，而是没有目标。认准目标比刻苦难，刻苦几乎人人可以做到。但认准目标很多人做不到。记住：人生成功的主要技能：是设计目标的能力以及建立一个达成目标的行动计划。

——卜玉强

目标与成功。有目标的积累，才是有效的积累：确定目标—开始积累—形成局部优势—实现临界突破—达成目标。我们围绕目标去读书、去思考、去求师、去交友、去实践。这样，逐步形成优势积累，形成你的“长项”，形成你超人的才能。

——王通讯

若要成功，我们一定要有雄心壮志，使想成功的强烈欲望渗入到潜意识里。

——（日本）稻盛和夫

人生成功有“三道门槛”：（1）认识自我——潜能开发的基础；（2）设计自我——潜能开发的动力；（3）超越自我——潜能开发的途径。人生没有“如果”，只有“后果”和“结果”。

——一凡

成功的第一要素，就是能够将身体和心智的能量锲而不舍地运用在同一问题上而不会厌倦的能力。

——（美国）爱迪生

有志者，事竟成（有志气的人，事情终会成功的）。

——《后汉书》

功崇帷志，世广帷勤（功勋卓越，只有靠立志高远，学识广博只能靠勤奋学习）。

——《尚书·周官》

生命的历程，就在于不断地唤醒你对追求更高层次价值观的使命感，唤醒你的个人目标以及唤醒你内心实践人生目标的渴望。

——（美国）罗勃·费兹

没有目标，不可能发生任何事情，也不可能采取任何行动。如果一个人没有目标，就只能在人生道路上徘徊，永远到不了任何地方。

——（美国）拿破仑·希尔

人生最大的敌人是心理障碍，如观念障碍、意志障碍、情感障碍、人格障碍等，要做出正确选择，必须克服这些障碍，树立成功的决心和信心。上帝不偏袒任何人，一个人的成功或失败都有自然规律和个人应用之道。

——晓力

天天忙忙碌碌，到底忙什么？现实生活中，我们很多人天天忙忙碌碌，不知学习，满足于混日子。其实，你只要设定一个目标，围绕目标去攻坚，有七八年最多十年完全可以突破自己，走出低层次的竞争。问题的关键，你是否敢于下这样一个决心。

——佚名

对于梦想成功的人来说，不是缺少才能，而是缺少对自己才能的发现，缺少对自己人生价值的开发利用。

——（美国）塞缪尔·哈恩曼

成功者与失败者的区别，成功者在于有梦想不断地付诸实际行动，而失败者要么空想，要么半途而废。

——（美国）安东尼·罗宾

对人生影响最大的，是自我埋没、自我贬值，一个“我不行”就可能断送人的一生。

——（美国）霍姆斯

生动地把自己想象成失败者，这就足以使你不可能取胜；生动地把自己想象成一个胜利者，将给你带来无法估量的巨大力量。伟大的人生是以想象中的图画——你希望成就什么，做一个什么样的人开始的。

——（美国）哈利·佛斯迪克

人生最可怕的敌人，就是没有坚强的信念。

——（法国）罗曼·罗兰

总有些人，一辈子生活在消极否定的世界里，在那个世界使用最多的一个词就是“不可能”。如果你想成功，你必须把“不可能”从你的生活中清除掉。

——（美国）格莱恩·布兰德

一些人经常说“不可能”，就可能真会一事无成。因为“不可能”，让人产生无力感，看不到成功的希望。

——佚名

在我的词典里，没有“不可能”。

——（法国）拿破仑

心，信其可行，则移山填海之难，终有成功之日；心，信其不可行，则反掌析枝之易，亦无收效之期。

——孙中山

怀疑自己的人，就像一个主动加入敌人行列，拿起武器和自己对着干的人一样。

——（法国）大仲马

实现明天目标的最大障碍，就是今天的怀疑，让我们以积极的信念坚强地向前推进。

——（美国）罗斯福

挺字当先，乃做人第一品性也。好汉打掉牙和血吞，此二语为余生平咬牙立志之要诀。

——曾国藩

人生成就大事业的人，都是从立志开始的。凡做事都要有志向，人生当有人生之志、为学之志、修身之志。人云。服了金丹可换骨成仙。我认为，立下志向就是金丹。人有志，则不甘下流。

——曾国藩

一心向着自己目标前进的人，整个世界都会给他让路。

——（美国）爱默生

强烈的希望，是人生中比任何欢乐更大的兴奋剂。

——（德国）尼采

人生拥有的目标是一种智慧，而实现目标是一种能力。

——佚名

立大志者，不唯有超世之才，亦必有坚韧不拔之志。

——（宋）苏轼

编按：苏轼，宋朝文学家、书画家、诗人。号称东坡居士，“唐宋八大家”之一，著有《东坡全集》《东坡乐府》等。

“有志者立长志，无志者常立志。”我经常把人生比作爬山，你自己确定一个终极目标，比如是珠穆朗玛峰。然后，竭尽全力往上爬，不要着急、不要灰心，要一往直前。爬过一座山头，你就会发现前面还有一座更高的山头，于是就下决心征服它，然后再继续往前爬，如此往复，直至终点。

——张召忠

编按：张召忠，中国著名军事理论家、军事评论家，国防大学军事后勤与军事装备教研部副主任、教授，军事装备学学科带头人，少将军衔。代表作有《现代海战启示录》《谁在制造战争》《网络战争》《打赢信息化战争》等。

你的人生怎么度过，取决了你下了一个什么样的决心。

——（美国）乔布斯

编按：乔布斯，美国苹果公司联合创始人，前行政总裁，他拥有美国212项专利，他热爱工业，敢于创新，是一位极富创造力的企业家。

我们无法选择命运，但却可以选择改变命运，这或许是人生的精彩所在。

——徐悲鸿

编按：徐悲鸿，中国现代画家，美术教育家，曾任中央美术学院院长，对中国画坛影响甚大。尤以画奔马享名于世，被称为中国现代美术教育的奠基者。

一辈子只做一件喜欢的事。

——赵忠贤

编按：赵忠贤，中国科学院院士，我国高温超导研究奠基人，几十年坚持超导研究，取得突破，使我国站在了世界超导研究的最前列。赵忠贤为我国超导研究做出重大贡献，荣获2016年国家最高科技奖。

在物理学研究中，我以后要争取诺贝尔奖。

——杨振宁

编按：杨振宁进入大学前郑重地向父亲说了上面的话，他经过30多年的奋斗。终于在1957年获得诺贝尔奖。杨振宁说："我的成功经验，就是一直朝一个方向走。相反，很多人成绩比我好，但兴趣太广泛，结果一生一事无成。"

我将来要做一个伟大的演员。

——（美国）费雯丽

编按：费雯丽7岁向父亲发誓："我将来要做一个伟大的演员。"她经过20多年的奋斗成就了梦想，成为美国好莱坞电影皇后，奥斯卡大奖获得者。

我要成为世界上最好的CEO。

——（美国）韦尔奇

编按：韦尔奇大学毕业后，立志要做世界上最好的CEO，经过20多年的奋斗，成为美国通用电气公司董事长兼首席执行官，他被称为"世界第一CEO"。

我长大后想当总统。

——（美国）奥巴马

编按：奥巴马在小学四年级时，在回答老师布置的《我的梦想——我长大以后想做什么？》作文中写了上面的话，同学们听了引起哄堂大笑。但是，奥巴马经过近30年的奋斗，于2008年11月当选美国总统。

3. 学习

人的本质是精神、文化。人是精神使用的、符号制造的、自我主宰的动物，即是一种善于学习思考、自我制造和自我设计的动物。

——（美国）弗罗姆

人类的进化已经脱离农业时代的体格型，也将结束工业时代的技工型，从而迈入知识型的门槛。学习成为谋生的手段，知识成为财富和价值的体系，思维和创新是进步发展的源泉。

——（美国）阿尔文·托夫勒

少年辛苦终身事，莫向光阴惰寸功（少年时勤奋努力将会终身受益，岁月匆匆，切莫懒惰懈怠，虚度光阴）。

——（清）杜荀鹤《题弟侄书堂》

学所以益才也，砺所以致刃也（要想增长才干，就要努力学习；要使刀刃锋利，就要勤加磨砺）。

——（西汉）刘向

山积而高，泽积而大（山是由土石日积月累而高耸起来的，水是点滴积聚才长流不断的。告诫人们，经过长期不断的积累，点滴努力，定会取得成功）。

——（唐）刘禹锡

学而不思则罔，思而不学则殆（只学习，不知道思考就会惘然无知；只是思考，却不学习，终究一无所得，使人精神疲殆）。

——《论语》

故不登高山，不知天之高也；不临深溪，不知地之厚也；不闻先王之遗言，不知学问之大也。

——荀子

知识就是力量。

——（英国）培根

只有有目的、有系统、有组织地学习，知识才能变成力量。

——（美国）杜拉克

立身以立学为先，立学以读书为本。

——欧阳修

才须学也，非学无以广才，非志无以成学。

——诸葛亮《诫子书》

学则智，不学则愚，自古圣贤成大事者，未有不由学而成者。

——（明代）黄宗羲

应变的根本之道，是学习。

——（美国）卡洛

青年人要多读书学习，否则晚年肯定要后悔不已。读书要先博后专，机遇对每个人都差不多，强者与弱者之间也没有多少差别，关键是谁的读书功夫下得到。

——二月河

要改变我们的境遇，关键的措施是首先必须改变我们自己。切记：人生是“内在”决定“外在”。

——（美国）查尔斯·哈奈尔

实践证明，准备得越多，离成功就越近；准备得越少，离成功越远。要知道，灵感是从积累中得来的，而非偶然。

——（美国）查尔斯·哈奈尔

兴趣是成功的原动力，是成功的种子，要善于呵护自己的每一种兴趣，未来它可能成长为参天大树。

——（美国）查尔斯·哈奈尔

要做一个永远努力的人。

——濮存昕

成功之路只有一条，那就是准备、准备、准备。

——英国曼切斯特大学校训

要想掌控自己的人生，就要为未来做好准备，做好万全准备是成功的唯一法则。

——（美国）吉姆·史都瓦

人生最重要的是积蓄力量，只有积蓄力量，才能实现人生的跨越。

——（美国）吉姆·柯林斯

21世纪所有成功者，都将是终身学习者。

——（美国）比尔·盖茨

机会到处都有，关键的你是否做好了准备。机会只惠顾那些时刻做好准备的人。

——（法国）巴斯德

成年人慢慢被时代淘汰的最大原因，不是年龄的增长，而是学习热情的减退。

——（法国）罗曼·罗兰

缺乏求知欲，不爱学习，就会成为一个不学无术，可有可无的人。

——（古希腊）德谟克利特

未来唯一的竞争优势，是有能力比你的竞争对手学习得更快、更好。

——（美国）彼得·圣吉

学习这件事不在于有没有人教你，最重要的是你自己有没有觉悟和恒心。

——（法国）法布尔

自觉、自知、自信、自强、自胜，是人生心智成长的基本过程。

——（日本）稻盛和夫

铭记在心：当学习充满乐趣时，学习才更有效。

——（美国）彼得·克莱恩

学习能力，包括学习精神、学习方法、学习效果，关键是根据自己情况知道学什么、怎么学。学什么是方向问题，怎么学是方法问题，这是一个人的核心能力。

——晓力

缺乏学习能力，对个人是悲惨的，对组织是致命的。

——（美国）韦尔奇

学习是创造的前提，又是创造的过程。

——茅盾

真正的学习研究要懂得积累，这种积累是点点滴滴的，是年复一年进行的。

——（美国）李远哲

成功源于聚焦，把你的精力聚焦到一点上，你就会无坚不推。

——（美国）拿破仑·希尔

学贵专一，不怕事难办，就怕心不专。成功的秘密，在于聚焦、聚焦、再聚焦。

——一凡

专精一门学科后的领悟是极大的，因为在每件事情的后面都隐藏着主宰一切的真理。

——（日本）稻盛和夫

才能不是天生的，才能是长期努力后所获得的一种报酬。

——（法国）福楼拜

好学不倦者，必成大才。

——（美国）林肯

此生不学一可惜，此日闲过二可惜，此身一败三可惜（人生有三件事最可惜：第一不学习；第二虚度光阴；第三败坏身心）。

——《格言联璧》

人类知识有三皆可为我所用，即：理论知识（学问）；实用知识（技能）；鉴别知识（判断）。

——（古希腊）亚里士多德

理想中的学者，既能博大，又能精深。精深，是他的专门学问；博大，是他的旁搜博览。

——胡适

读书要博，研究要精。博学方能多才，青年时期懂得多少并不重要，但只要懂得学习，勤奋地学习，就会获得广博的知识。

——梁启超

凡事贵专。许多人都想找到一个成功的捷径，但对于最实用的忠告却视而不见，它就是一个“专”字。天才的秘密，是比常人使用了加倍的专一而已。

——曾国藩

博观而约取，厚积而薄发（广泛地阅读，把其中好的精华牢牢记住；

积累大量的知识，到需要时便可自如恰当地应用）。

——苏轼

学习决定知识，知识决定一个人的气质、趣味、眼界、欣赏水平和价值观，这些都是影响生活质量的关键因素，是知识熏陶的结果，而不是用金钱交换的产物。

——佚名

悟性是指学习、理解、明白的能力，这个学习理解的对象是一种隐藏在现象中的深层规律。没有任何学校给你讲授这门课，它难以传达，无迹可寻，更多是靠感觉，靠触类旁通，靠想象琢磨而得到的。

——王蒙

学习有三种技能，即积累、思考、顿悟，顿悟很重要，当人们缺乏学习意愿和学习热情时，学习就会陷入苦学—厌学—懒学的状态，而一旦明确学习目标，有了学习意识和学习热情，学习就会进入到乐学—好学—勤学的状态。这时，学习就成了一种追求、一种享受、一种快乐、一种境界。

——王小平

读书的艺术，在很大程度上就是在书中重新发现生活，更准确地理解生活的艺术。

——（法国）莫洛亚

喜欢读书，就等于把生活中寂寞的时光换成了巨大的享受时刻。

——（法国）莫泊桑

要从书中找出把自己引向深处的东西。

——（美国）爱因斯坦

读书与不读书，过的是不一样的生活。锻炼与不锻炼的人，隔一天看，没有任何区别，但隔三年、五年之后，身体状况就会有很大差别。读书也一样，读书与不读书的人，日积月累，终成天壤之别。

——岳明新

为学日益，为道日损。损之又损，以至于无为，无为而无不为（追求学问，学问就会与日俱增。体悟大道，贪欲就会与日俱减，减少又减少，从而达到顺应自然的无为境界）。

——老子《道德经》

苦心中，常得悦心之趣；得意时，便生失意之悲（人生在苦心追求时，因为感受到追求成功的喜悦而得乐趣无穷；人生在得意时，因为面临顶峰过后的低谷，往往潜藏着失意的悲哀）。

——《菜根谭》

人生在世，生命是无价的，要学会珍惜、学会管理。珍惜生命，关键在于提升生命价值，生命的枯荣全视自己怎样去栽培和经营。生命之旅，是一个不断觉醒、不断创造的过程。

——晓力

书犹药也，善读之可以医愚。

——（西汉）刘向

读书在于造就完全的人格。

——（英国）培根

读书要从薄到厚，再从厚到薄。

——华罗庚

读书是学习，摘抄是整理，写作是创作。

——吴晗

我有一个座右铭："读书只读一流的书。"真正值得我投入智力、花费精力、值得我尊重的事，大概是两大类，即：读一流的书，做一流的人。

——王强

读一流的书，就是要衡量这个作家写这本书时的状态是什么——他是满足于市场的需求而写，还是倾其心血、生命和经历而写。读书真正对读者产生作用的时候，就是读者与书中的生命融为一起的时候。

——王强

我读书奉行九个字，即：读书好，好读书，读好书。

——冰心

学习是享受，学无止境。

——王淦昌

有些书浅尝辄止，有些书则需要狼吞虎咽，而少数的书得细嚼并消化。

——（英国）培根

只读优秀的书。

——（古罗马）塞涅卡

读好书的人，心灵不会孤独。

——（英国）塞缪尔·斯迈尔斯

没有学会跳读和浏览技巧的人，只学到阅读技巧的一半。

——（英国）贝尔勒

通过读书，我们才能享受到与高尚灵魂交流的乐趣。

——（美国）钱宁

择书如择友。

——（爱尔兰）狄龙

不读好书的人与不会读书的人，同样可悲。

——（美国）马克·吐温

无目标地读书是散步，不是学习。

——佚名

开窗看大海，闭门读好书。大海须开窗看之，才能看出究竟；好书须闭门静读，才能有所心得。

——陈伯安

我的座右铭是：宁可少些，但要好些。

——（德国）高斯

重要的不是知识的数量，而是知识的质量。有些人知道得很多，但却不知道最有用的东西。

——（俄国）列夫·托尔斯泰

明智的人最懂得把全部精力集中在一件事情上，唯有如此，才能实现自己的梦想和目标。

——（美国）奥里森·马登

一个人不可能面面俱到，追求完美，关键在于努力把自己的特长发挥到极致。

——（美国）拿破仑·希尔

学其所用，用其所学。为学当有实功，有实用。

——梁启超

人的差异，在于业余时间。

——（美国）爱因斯坦

学问最难平淡，安于平淡的人，什么事业都可以做。

——南怀瑾

古今中外有学问有成就的人，都是十分注意积累的，知识是积累起来的，经验也是积累起来的。我们做什么事情不应像“过眼云烟”。

——邓拓

把学习与工作结合起来：（1）交融——学习中有工作，工作中有学习；（2）互动——学习促进工作，工作促进学习；（3）转化——学习成果转化为工作成果，工作成果转化为学习成果；（4）创新——把学习引入工作，把工作引入学习。

——张声雄

学贵得师，亦贵得友。

——唐甄《潜书·讲学》

少壮不努力，老大徒伤悲（年轻时不努力学习，到年老只能后悔叹息）。

——《汉乐府·长歌行》

学之广在于不倦，不倦在于固志（学问的渊博在于学习不知厌倦，而学习不知厌倦在于有坚定的志向）。

——（东晋）葛洪

书山有路勤为径，学海无涯苦作舟。

——《增广贤文》

学如逆水行舟，不进则退。

——《增广贤文》

不读书的家庭，是精神上残缺的家庭。

——（俄国）巴甫洛夫

一个人的业余生活，往往决定一个人的精神等级，可以看出一个人的本来面目。

——刘兴雨

以我为主，博采众长，融合提炼，自我一家。

——朱镕基

人生成功关键有两点：一是要有生存意识；二是要有生存本领。人要有生存本领，就要把全部精力聚焦到一点上，通过几年、十几年的不懈奋斗。那你一定变得十分优势，这时你离成功也就越来越近。

——晓力

好学近乎知，力行近乎仁，知耻近乎勇（勤奋好学就接近智，做事肯努力就接近仁，懂得是非善恶就是勇的一处表现）。

——《中庸》

对身外之物的追求，就像对身外风景的迷恋一样。一旦看够，便不会再有流连之情。而对精神生活的追求，就像读书一样，书中朗朗乾坤永远使人感到美妙绝伦。

——陈伯安

不多学，故得；不杂学，故用。

——雍正皇帝

使我懂得人生的，并不是和人接触的结果，而是和书接触的结果。

——（美国）贝尔

我看了很多介绍科学家的书，科学家们勤奋的精神以及人们对他们的评价，是我最感兴趣的。

——（美国）比尔·盖茨

必须具备不断地向外界学习的欲望和能力，并且还要以最快的速度将学到的一切转化为行动和能力，竞争力就是如此提升的。

——（美国）韦尔奇

一个人若身处隧道，他看到的就是前后非常狭窄的视野。必须拓宽心路，放开视野，否则，前进的道路必然越走越窄。

——（德国）尼采

“好学”比“学好”更重要。“学好”是学习中被动地接受，是今天学习的一个结果，是为了掌握知识；而“好学”则是学习中的主动探索，是对学习未来知识的一种态度，是今后学习的一种习惯。

——钱颖一

父亲一生爱学习，20岁时可能不如一般人；到30岁时，已赶上了一般人；到40岁、50岁时，都超过了一般人；到60岁、70岁时，大大走到同龄人的前边，这正是父亲创作生命力的源泉。

——阎宇谈父亲阎肃

学习能力的成长，不是一种标准，而是一种状态。学习，是学习能力的学习状态，是学习能力的使用状态。成功人士的共同特点，就是把学习当作一种生活方式，当成一种做人方式，当成人生事业的重要部分。在学习上投入的质和量，决定人生命运的质和量。人生竞争的核心，在“争”学习。

——晓力

一生中唯一可靠的保证，就是每天都知道自己在进步。当你每天一点点地改进时，你就在积累大的成就。

——（美国）安东尼·罗宾

自我超越的人有三个特征：（1）把愿景看成是使命和责任；（2）他们决心改变目前的状况；（3）永远处于一种学习状态。

——（美国）彼得·圣吉

21世纪的文盲，不会是那些能读能写的人，而是那些没有学习能力和不能更新知识的人。

——（美国）阿尔文·托夫勒

编按：阿尔文·托夫勒，世界著名未来学家，当今社会最具影响力的社会思想家。主要代表著作《未来的冲击》《第三次浪潮》《权力的转移》《财富的革命》《未来的战争》等，已成为未来学的巨著。

知道如何学习的人，都有一种力量可以把自己放大，能提高自身能力，提高生活技巧，让生命变得更充实、更有意义。

——（英国）赫胥黎

编按：赫胥黎，英国著名的生物学家、教育家、博物学家，达尔文进化论最杰出的代表，代表作有《人类在自然界的地位》《进化论与伦理学》等。

人的学习劳动分为两种：一是无目标的学习，精力分散。形不成实力，称为无效劳动；二是有目标的学习，精力集中，形成实力，称为有效劳动。人生只有围绕目标学习积累，才能形成实力，形成你超人的才能。

——王通讯

编按：王通讯，我国著名人才专家，原中国人事科学研究院院长，代表代有《人才学通论》《人才与人事论述》《宏观人才学》《微观人才学》《潜能开发论》等。

学习有两个阶段：第一身外之学，主要是记忆、训练、不带感情不带创造，靠多次重复，为求职谋生之用。第二身同学习，是全面的智力能力、意志、人品气质、性格风格，是化为血肉精神之学，蕴藏个人的能量进入

一种化境，是人性的升华。

——王蒙

编按：王蒙，中国当代著名作家，原文化部部长，中国作家协会名誉主席，代表作有《青春万岁》《恋爱的季节》《失态的季节》等。王蒙退休后，笔耕不辍，被认为“始终处在生长攀登状态”的作家。

一个人不断努力学习的过程，就是让自己不断增值的过程。值钱之前，是你求别人；值钱之后，是别人求你。值钱前后的这一转变，称之为“价值转折”，这是一个人的价值从量变到质变的过程。值钱的人，才能体会到什么是成就感。对于一个追求有意义人生来说，成就感至关重要。

——俞敏洪

编按：俞敏洪，新东方教育集团创始人，任新东方教育集团董事长、中国青年企业家协会副会长，代表作有《大河奔流的精神》《从容一生》等。

人的思想是了不起的，只要专注于某一事业，就一定会做出使自己吃惊的成绩来。

——（美国）马克·吐温

编按：马克·吐温，美国著名作家，代表作品有《百万富翁》《王子与贫儿》《哈克贝利·费恩历险记》等，被称为“文学中的林肯”。

我平生所作的文章，多半在“三上”，即马上、枕上、厕上，因为只有这样才可以好好构思啊。

——欧阳修

编按：欧阳修，北宋政治家、文学家，开创一代文风，是文坛领袖。后人将其与韩愈、柳宗元、苏轼合称为“千古文章四大家”，与韩愈、柳宗元、苏轼、苏洵、苏辙、王安石、曾巩被称为“唐宋八大家”。

聪明在于学习，天才在于积累。只有在逆境中挣扎过的人、奋斗过的人，才可以说无愧于人生。

——华罗庚

编按：华罗庚，我国著名数学家，因家庭困难，初中未毕业被迫退学，但他以顽强的毅力，一边工作一边自学，最后成为数学家。

我读书不是满足于读懂，而是要把读懂的东西背得滚瓜烂熟，因为熟能生巧。

——陈景润

编按：陈景润，我国著名数学家，学习数学几乎达到痴迷的程度，他演算数字的草稿装了几麻袋，1972年攻克哥德巴赫猜想，震撼了世界数学界，被国外称为“陈氏定理”。

知识就是力量，更确切地说，知识就是幸福。

——（美国）海伦·凯勒

编按：海伦·凯勒1岁时，因病变成又聋又瞎的孩子，但她在家庭教师的帮助下，以惊人的毅力学习说话、写作，先后学会了英、法、德、拉丁、希腊五国语言，成为一个作家和演说家。她的传记《我的一生》影响了整个美国。

天才，就是百分之一的灵感加上百分之九十九的汗水。

——（美国）爱迪生

编按：爱迪生，美国大发明家，一生有2000多项发明，如电灯、电报、电话、电车、留声机、发电机等。在创造发明的过程中，他运用“目标读书法”，即围绕一个问题，找有关书籍进行学习，大大促进了发明创造。爱迪生把人类文明由蒸汽时代带入了电气时代。

4. 敬业

无论从事哪种职业，走向成功的第一步，就是你必须对这种职业感兴趣。

——（英国）欧斯拉

现代人最大的缺点，就是对自己的职业缺乏爱心。

——（法国）罗丹

工作造就人格。工作的意义不仅在于追求业绩，更在于完善人的心灵，培养优秀的人格。我通过极度认真地工作，全身心投入，逐步进入了人生的良性循环。

——（日本）稻盛和夫

工作是最好的老师，灵性通过工作表达，命运通过工作揭示，生命通过工作升华。

——（美国）朱津宁

一个人必须有一个无法放弃、无法搁下的事业，才能变得无比坚强。

——（俄国）车尔尼雪夫斯基

一个人如果拥有一种社会需要的特长，那他走到哪里都不会被埋没。

——（美国）爱迪生

经验告诉我们：事业的成功，大半在热情，小半在才能。

——（美国）贝尔登

态度积极、目标明确、精力充沛、努力工作的人，是企业获得成功的唯一重要因素。

——（美国）霍斯特·舒尔茨

热情的态度是做任何工作都必须的，因为唯有热情你才能全身心地投入，才能真正把事情办好，这是成功者必备的特质。

——（美国）奥里森·马登

敬业者，专心致志，以事其业也。

——朱熹

业精于勤，荒于嬉；行成于思，毁于随。

——韩愈

立足本职，做一个出色的自己。

——张洪瑞

做事以“明”为第一要义。“明”有两种，即高明与精明。高明，就是比别人看得远；精明，就是比别人看得准。

——曾国藩

事业成功者与平庸者的区别，在智力方面并不明显，而差别最大的是完成任务时的坚毅精神、自信而有进取心、谨慎、好胜等四个方面。

——（美国）戴尔·拉弗伦茨

怎样才算是一个优秀员工呢？作为一个独立的员工，你必须与公司制定的长期计划保持步调一致，自动自发地提升自身能力，不要把奖金和薪水作为你工作的唯一动力。

——（美国）比尔·盖茨

做事不做则已，要做就做第一。当你拥有强大的激情，而且工作重点非常明确时，你就会变成一个专家。任何事情，如果不去彻底追求、彻底研究的话，就无法尝到成功的果实。

——（日本）孙正义

取得突出成就的人与取得中等成就的人，几乎做了同样的工作，他们的差别很小——只是“多一盎司”，但是在取得成就的实质内容方面却有天壤之别。

——（美国）约翰·坦普尔顿

要想飞得比别人快，就要多煽动几下自己的翅膀。

——西方谚语

一个人只要全身心投入到自己所追求的事业中，一定会做出成就。世上无难事，只怕工作狂。

——（日本）土光敏夫

做企业有两条：一是小的时候，不要危害社会；二是大了以后要回报社会。做人亦然，即使你不能为社会创造财富，起码不要危害社会。

——（日本）松下幸之助

我成功的秘诀，就是把工作视为乐趣和冒险。

——（美国）迪士尼

人生成功，需要内在的实力，但最重要的是他对事业的执着和精益求精的作风。

——金庸

大凡成功者，所依靠的都是德行的力量。我经营的原则是，好景时，不过分乐观；不好景时，也不过度悲观。

——李嘉诚

戏比天大。到了舞台上，什么事都没有戏大，我愿意为戏剧献身。

——常香玉

在劳动时间里，我们做了什么，就决定我们拥有什么；在休闲时间里，我们做了什么，就决定我们是怎样一个人。

——（美国）乔治·伊斯门

成就任何有价值的事情，需要三大要素：第一勤奋工作；第二坚定不移；第三知识。

——（美国）爱迪生

工作的最高境界是玩，如果你真喜欢你选择的工作，那工作对你来说就像游戏一样有趣。

——（美国）李昌钰

优秀员工，就是：对待工作—勤奋；对待公司—敬业；对待老板—忠诚；对待自己—自信。

——（美国）阿尔伯特·哈伯德

视工作为乐趣，工作可以让人从中获得经验、知识和信心。你的工作热情越高，决心越大，你的工作效率就越高。当你充满热情地工作时，工作一定会充满乐趣。

——（美国）阿尔伯特·哈伯德

什么是自动自发？自动自我，就是别人没有要求，强迫你，是你自己自觉而出色地做好恰当的事情。

——（美国）阿尔伯特·哈伯德

工作固然为了生计，但比生计更重要更可贵的，就是在工作中充分发挥自己的潜能，发挥自己的才干，不断创造卓越。

——（美国）阿尔伯特·哈伯德

一个人如果只为薪水而工作，没有更高的目标，这不是一种很好的人生选择，受害最深的不是别人，而是他自己。切记：工作质量，决定生活质量，决定生命质量。

——（美国）阿尔伯特·哈伯德

为薪水而工作，看起来目的明确，但是往往被短期利益蒙蔽了心智，使我们看不清人生未来发展的道路，结果到日后即便奋起直追，也无法超越。

——（美国）阿尔伯特·哈伯德

能力比金钱重万倍，那些不满薪水低而敷衍工作的人，固然对老板是一种损害，但长此以往，无异于使自己的生命枯萎，断送了自己的前程，成为一个庸庸碌碌、心胸狭窄，可有可无的人。

——（美国）阿尔伯特·哈伯德

职业是人的使命所在。敬业表面上看起来是有益于公司，有益于老板，但最终受益的是自己。当我们把敬业变成一种习惯时，就能从中学到更多的知识，积累更多的经验，就能从全身心投入中找到快乐。

——（美国）阿尔伯特·哈伯德

不要在抱怨中工作。抱怨自己“没有得到什么”，却没有好好问问自己：为了希望所从事的职业，自己还缺什么？可能要付出什么？做得够不够好？切记：报怨于事无补。

——（美国）阿尔伯特·哈伯德

工作不是一个关于干什么事和得到什么报酬的问题，而是一个关于生命的问题。“没有任何借口”，体现出一种负责、敬业精神，一种服从、诚实的态度，一种完美的执行能力，从而成为可以信赖的承担重任的人。成功属于那些不找借口的人。

——（美国）费拉尔·凯普

把工作当成用生命去做的事，自动自发，全力以赴，我们就可能获得自己所期望的成功。

——（美国）费拉尔·凯普

一个人如果只有被别人从后面踢一脚才会做他应该做的事，那么这种人大半辈子都会辛苦工作，他却不停地报怨运气不佳。

——（美国）费拉尔·凯普

人生最有意义的是工作。只有通过工作，才能保证精神的健康；在工作中勤于思考，工作才是快乐的事，两者密不可分。

——（美国）罗斯·金

责任意识，会让我们表现得更加卓越。负责任，是一种成熟的标志，人越成熟，责任意识越强。

——（美国）罗斯·金

改善工作状况不是领导下达指示才去做的，而应该是自己一种积极主动的行为，改善工作的原则是：第一标准化；第二自动化；第三简单化；第四准时化。

——（日本）昌山茂雄

工作改善是持续的、无止境的。如果发掘不到需要改进的目标，说明该员工境界低下，对工作要求不高，没有什么发展前途。

——（日本）昌山茂雄

记住：工作中无小事，纪律是敬业的基础。

——（美国）费拉尔·凯普

只有在实践中，才能发现问题、解决问题。身体力行是促使个人进步的阶梯，只有一步步地攀登，才会达到事业的顶峰。

——（俄国）列夫·托尔斯泰

成功的三个要素：第一你要决定怎么看；第二你要决定怎么想；第三你要决定怎么做。

——（美国）安东尼·罗宾

好的干部是站在领导角度想问题，立足自己岗位做事情。

——（美国）韦里克

站在公司的角度思考问题，主动补位，做公司需要的事。

——张艳玲

把工作当作神圣的使命，对工作负责，就是对自己的人生负责。

——张艳玲

要有成长意识，核心是认识自己、超越自己。希腊神殿警句："要想了解宇宙，最短的路径就是先了解自己。"

——（中国台湾）林正大

要成为"超一流"的人才，人才有四个等级：（1）不被期望，令人痛恨，三流人才；（2）结果小于期望，令人失望，二流人才；（3）结果等于期望，令人满意，一流人才；（4）结果超过期望，令人感动，"超一流"人才。

——（中国台湾）林正大

人生伟业的建立，不在能知，乃在能行。

——（英国）赫胥黎

天才，就是注重细节的人。

——（英国）狄更斯

一次行动，足以显示一个人的弱点和优点是什么，能及时提醒此人找到人生的突破口。

——（美国）马克·杰弗逊

醉心于事业者，必然会高贵；无所事事者，必然会低贱。

——墨子

天下难事，必作于易；天下大事，必作于细。

——《道德经》

伟大乃处处注重细节的积累。

——（美国）尼克松

细节是什么？细节是一种态度，是一种准备，也是一种精神。细节是决定成败的关键因素，是一种竞争力。

——梁国风

有实力，才能有能力。

——曹燕灵

患生于疏忽，祸起于细微。

——（西汉）刘向

效率就是把要做的事，把它做得更好。

——（美国）德鲁克

企业家的本质就是使自己的产品过时、陈旧。如果我们不这样做，那么，我们的竞争对手会迫使我们的产品成为过时的东西。

——（日本）盛田昭夫

我想，一个人的尊严，并不在于他能赚多少钱，或得到什么社会地位。而在于他能否发挥自己的特长，过一种有意义的生活。

——（日本）松下幸之助

没有执行力，就没有竞争力。

——（美国）保罗·托马斯

执行力是一门学问，也是一种行为技巧。

——（美国）保罗·托马斯

执行的学问：决心第一，速度第一，成果第一。

——余世维

真正成功的人，是能够将工作与游戏二者用热忱混为一体的人。

——（美国）拿破仑·希尔

要有创新意识，不创新就死亡。

——（美国）杜拉克

职场员工三大纪律八项注意：
三大纪律：（1）公私分明；（2）角色明确；（3）团结合作。
八项注意：（1）熟悉岗位职责；（2）明确工作目标；（3）遵守业务流程；（4）严守业务时间；（5）注重团队和谐；（6）维护企业形象；（7）保守经营秘密；（8）不断学习进取。

——某企业员工守则

职业化是国际化的职业规则，随着全球经济一体化进程加速，懂得职业化的规则，才能参与国际化竞争，并获得发展的机会。

——理清

职业化素质有三个层面，即职业化精神、职业化能力和职业化形象。
职业化精神：
（1）敬业：敬业爱岗，用宗教般虔诚对待工作；
（2）责任：要有责任意识，责任成就事业；
（3）专业：专业化是职业化的基础，专业化来自持续学习；
（4）创新：创新是职业化精神的生命力；
（5）协作：协作是职业化精神的核心；
（6）规范：严格执行规范，知道该做什么，不该做什么。

职业化能力：

（1）学习：学会学习，知道学什么、怎么学；

（2）思考：正向思考，有效思考；

（3）执行：执行能力是核心、讲效果；

（4）管理：管理好自己、管理好团队；

（5）社交：学会沟通、了解心理需求；

（6）表达：口才制胜、谈判高手、业务写作。

职业化形象：

（1）气质：有内涵，提高自我修养；

（2）仪表："10秒初头效应"，决定取舍；

（3）语言：会讲话，有讲话魅力；

（4）举止：站、立、行、坐势、握手（眼看对方）；

（5）服饰：职业装；

（6）礼仪：办公室礼仪，接待客户礼仪、拜访客户礼仪。

——理清

取法于上，仅得为中；取法于中，故为其下（人，以上等作为标准，只能收到中等的效果；以中等作为标准，只能收到下等的效果）。

——（唐）李世民

人生差距是一步步拉大的。如果你每天比别人多前进半步，那一年就是一百八十三步，十年后即十万八千里。

——（日本）盛田昭夫

优秀经理人的15个品质：

美国管理学会通过对1500位经理人的大量调查，总结出优秀经理人的15个品质，即：

（1）正直——值得信赖；

（2）有气度——心胸开阔；

（3）有才干——有能力，有毅力；
（4）有良心——可靠；
（5）友善——能与人合作；
（6）团队精神——肯配合他人；
（7）公正、客观；
（8）富有想象力、有创造力；
（9）聪明、脑筋灵活；
（10）有领导能力，能鼓舞人；
（11）忠诚；
（12）成熟，有智慧，有经验；
（13）坦诚率直；
（14）关心他人，尊重他人；
（15）工作勤奋，有干劲。

影响晋升的10个重要因素：

美国创意领导中心专家学者调查分析，影响职场员工晋升为高层主管的因素有65个，其中重要的有10个：

（1）对他人不敏感；
（2）漠视他人需求；
（3）自负、傲慢；
（4）背信弃义，出卖朋友或公司；
（5）钩心斗角，算计他人；
（6）爱搞权术游戏，耍手段；
（7）缺乏团队协作精神；
（8）工作不能达标；
（9）停止学习，不再进取；
（10）犯下原则性的错误。

成功的“十七条法则”：

（1）积极的心态；

（2）明确的目标；

（3）多走些路；

（4）正确的思考方法；

（5）高度的自制力；

（6）培养领导才能；

（7）建立自信；

（8）迷人的个性；

（9）创新制胜；

（10）充满热情；

（11）专心致志；

（12）富于合作精神；

（13）正确看待失败；

（14）永葆进取心；

（15）合理安排时间和金钱；

（16）保持身心健康；

（17）养成良好的习惯。

——（美国）拿破仑·希尔

编按：拿破仑·希尔，美国著名成功学家，是成功学集大成者，他用20年时间先后采访了美国1000多位第一流的成功人士，包括福特、罗斯福、洛克菲勒、爱迪生等。总结他们的成功经验，他把成功学的理论系统化、规律化。他的主要著作《思考致富》《人人都能成功》等，受到广大读者的热烈欢迎。

要有问题意识：看不出问题，是最大的问题；终端的问题，是领导的问题；重复出现的问题，是作风问题；不善于解决问题，是素质问题。

——张瑞敏

编按：张瑞敏，海尔集团总裁。经过30多年的奋斗，他把一个濒临破产的街道小厂，发展成中国最大的跨国企业，海尔品牌已连续13年蝉联家电第一品牌。目前，正在向网络化的市场、网络化企业推进。

执行力比想法更重要。一流的点子加上三流的执行水平，与三流的点子加上一流的执行水平，哪一个更重要？是后者而不是前者，阿里巴巴是一支执行队伍而非想法队伍。

——马云

编按：马云，中国著名企业家，阿里巴巴集团主要创始人，现担任阿里巴巴集团董事局主席。“2016年胡润全球富豪榜”发布，中国富豪中，马云家族以1400亿位居第二。

职场员工做事十大观念：

（1）想大事，干实事，不生事；

（2）用户小事是大事；

（3）眼里没事，不成事；

（4）只要出事，自己事；

（5）就事议争，误大事；

（6）想当然，办错事；

（7）经验办事是笨事；

（8）办事能力，是学习事；

（9）反复出事，失职事；

（10）总体事，应是个人事。

——杨沛霆

编按：杨沛霆，我国著名管理专家，曾任中国科技情报所所长、中国科协讲学团副团长。1991年创办《中外管理》杂志，任总编、社长，20多年来致力于介绍先进管理理念和国内外成功企业的经验，受到企业家的欢迎。

当你工作和研究的时候，必须具有强烈的激情。

——（苏联）巴甫洛夫

编按：巴甫洛夫，苏联著名生物学家，曾任苏联科学院生理研究所所长等，提出著名的“条件反射”学说，获得诺贝尔生理学医学奖，代表著作有《心脏的传出神经》《大脑两半球机能讲义》等。

热忱是工作的灵魂，成功与其说取决于一个人的才能，不如说取决于一个人的热情。热情，是一种精神因素，是战胜所有困难的强大力量。

——（美国）阿尔伯特·哈伯德

编按：阿尔伯特·哈伯德，美国职业研究专家，他出版的《送给加西亚的信》《忠诚》《尽职尽责》《自己是最大的敌人》等著作，受到管理界普遍欢迎。

丽鹏公司的用人标准是“三看”：第一，有无强烈的事业心；第二，有无强烈的责任心；第三，有无信心和毅力。同时，要德才并备：有德有才信而用之；有德无才，帮而用之；无德有才，防而用之；无德无才，弃而不用。

——孙世尧

编按：孙世尧，山东丽鹏包装公司董事长。1986年成立时仅是一个小作坊，如今已发展成拥有多家分公司的企业集团，产品遍布全国29个

省市并出口东南亚等市场。图片，笔者作为《中外管理》杂志社记者到公司采访，孙总向笔者介绍公司情况。

敢拼才会赢，对事业坚持一个“拼”字，对员工恪守一个“忠”字，对用户遵循一个“诚”字。

——雷文勇

编按：雷文勇，四川铁骑士力集团董事长。1992年8月，他带领5个青

年创业，如今已发展成拥有饲料、牧业、食品、生物工程以及教育、旅游一体化的大型民营企业。雷文勇荣获“全国劳动模范”“四川十大杰出青年”，企业被授予“中国消费者信得过产品”等称号。图片，笔者作为《中外管理》杂志社记者到公司采访，雷总向笔者介绍公司藏书情况。

我的人生正是：使事业成为喜悦，使喜悦成为事业。

——（英国）罗素

编按：罗素，英国著名哲学家、数学家、历史学家，主要代表著作有《数学原理》《哲学问题》《心的分析》等。

做学问要从大处着眼——“我见其大”。

——冯其庸

编按：冯其庸，中国人民大学国学院院长、中国红学会会长。因家庭贫困，几度失学，靠自学成才，特别是对红学有重要贡献，其治学精神极为严谨，他为研究玄奘西行，先后6次去西部考察，被称为“读万卷书，走万里路”的学者。

累则小睡，醒则干。

——李政道

编按：李政道，美籍华人，著名物理学家，获得诺贝尔物理学奖。他为搞科研，有一种拼命精神，“没日没夜”，不定时休息。他说：“我没有觉得苦，这是我的生活。”他为发展中国教育付出巨大心血，先后受到毛泽东、邓小平等老一辈革命家多次接见。

必须要有充分的准备，不仅是体质、技能，更重要的是心理素质。

——杨利伟

编按：杨利伟，乘“神舟五号”飞船飞向太空，是我国第一个飞向太空的人。部队从全军飞行员中选出1506名优秀飞行员，又从其中选出特优14人组成航天大队，经过5年训练5次考核，他三个100分，两个99分，各项专业技术指标，综合考评第一。

要成为一个杰出的科学家，最重要的是对科学感兴趣，而兴趣激发我充沛的精力，使我不会疲倦。

——丁肇中

编按：丁肇中，美籍华人，著名物理学家，获得诺贝尔物理学奖，他把绝大部分时间都用在学习、实验、思考，他对科研的热爱近乎“痴狂”，被同事们称为“工作狂”。

世界上聪明的人很多，但成功的人都是最努力的人。单单努力还不够，而是要最努力。因为大家都聪明都努力，取得出类拔萃成就，只有最努力的人才能如愿以偿。

——李远哲

编按：李远哲，美籍华人，美国科学院院士，诺贝尔化学奖得主。他从小爱学习，看了大量的书，他说：“几乎每天看一本”，“特别是看了《居里夫人传》后，决心要像居里夫人那样，把自己的一生贡献给科学事业。”

夜晚静思六向：
（1）我今天是否完成了小目标；
（2）我今天是否更接近了大目标；
（3）我今天学到了什么；
（4）我今天在哪些方面做得不够好；
（5）我明天的目标是什么；
（6）我明天如何做得更好。

——（美国）安东尼·罗宾

编按：安东尼·罗宾，美国著名成功学家，他不仅是美国一位白手起家的亿万富翁，而且是美国最成功的励志专家，全球顶尖的潜能成功学权威。

5. 勤奋

天道酬勤（上天会按照每个人付出的勤奋，给予相应的酬劳。告诉我们，只要肯努力，将来总会得到相应的回报）。

——韩愈

有些人之所以庸庸碌碌，无所成就，根本原因是他们为自己的生命投资太少，不愿付出，因而缺乏知识和技能，最后只能平庸度过一生。

——（美国）奥里森·马登

不付出汗水，希冀成绩从天而降，那是幻想。

——苏步青

勤勉是德行的根本。

——（英国）卡莱尔

勤奋是事业的灵魂，是成功的基础。

——（英国）狄更斯

凡是勤则易，凡是惰则难。

——（美国）富兰克林

人生在勤，不索何获（人生成功在于是否勤奋，不探索怎么会有收获）。

——吕坤《呻吟语》

勤廉二字看似平淡，实则获上在此，信友在此，服民也在此（勤廉两个字看起来很平淡、浅显，但实际上无论是被上司看中，让朋友信任，让百姓信服，都需要靠它）。

——曾国藩

不断地奋斗，就是走上成功之路。

——孙中山

爱好出勤者，勤奋出天才。

——郭沫若

天下没有免费的午餐。

——西方谚语

奋斗，是万物之父。

——陶行知

勤奋是成功之母。勤奋是一种心理，更是一种行动。没有勤奋就没有成功，没有真正的事业，也不会有真正的幸福和快乐。

——晓力

人生成功很难，但是不成功更难。

——陈安之

勤奋是通往荣誉殿堂的必经之路。

——（美国）阿尔伯特·哈伯德

苦难不值得赞美，值得赞美的是战胜苦难的精神和能力以及战胜苦难所获得的幸福。

——邵渼

人生的核心在一个“勤”字，懂得了勤者，才算搞懂了人生。

——一凡

成功秘诀，是比别人努力两倍。

——李嘉诚

假如你要成功，要比别人努力三倍。

——（日本）堤义明

人生有付出，才会有收获。人必须明白，人生任何大的成功都是付出巨大努力的结果，要想不付出，就取得大的收获，那都是投机、作假搞成的。投机、作假，最后可能要用加倍的代价做出补偿。

——佚名

不懂得付出的人，绝不会有收获，就像一只灯泡，你不给它充电，它是不会给你照明的。

——（美国）史蒂芬·柯维

勤奋吃苦积累的是精神财富。人生吃苦就是“吃补”，吃苦能补知识、补能力、补智慧、补精神、补灵魂。有智慧的人，能够把一切苦难和磨炼，当作一种修炼，既了解了人生，又增进了动力。

——晓力

年轻时的苦难，出钱也要买。

——日本谚语

不拼不博，人生白活；不苦不累，生活无味。

——佚名

人生怕苦，苦一辈子；不怕苦，快乐一辈子。

——海涛法师

再富，也要穷孩子。

——（美国）程乃珊

吃苦也是一种能力，一种重要的生存能力。只经历过顺境而没有经过沧桑的人，当他们面对逆境时是无法克服困难的，只有经过顺境和逆境交替中成长的人，才能勇敢地面对一切挑战，并战胜一切困难。

——晓力

劳作和智慧，是取得成功的两把钥匙。

——（德国）高斯

“懒散”二字，立身之贼也（懒散这两个字，是立身的大敌）。

——吕坤《呻吟语》

人一能之，己百之；人十能之，己千之。果能如此道矣，虽愚必明。虽柔必强（别人一次能做到的，我用百倍的功夫；别人十次能做到，我用千倍的功夫。如果真能这样做，即使愚笨也会变得聪明，即使柔弱也会变得坚强）。

——《中庸》

人肯努力就会有收获；如果不努力，什么也得不到。

——“无臂钢琴王子”刘伟

努力，才会变得容易。世间的事，只要努力去做，就是最困难的事也容易成功；相反，不努力去做，极容易的事也难以做成。

——（清）彭端淑

通往成功的道路虽然漫长，但不肯辛勤努力，就不会获得成功的喜悦。正如先贤们所说："懒汉们，不要总想过轻松日子，否则你最终得到的是艰难。"

——（古希腊）苏格拉底

有两个字让人精神振作——奋斗。

——（德国）叔本华

未尝过艰辛的人，只看到世界的一面，不知世界的另一面。真正的人生，只有经过艰苦卓绝的斗争之后才能实现。

——（古罗马）塞涅卡

只有经历过地狱般的磨砺，才能练就创造天堂的力量。

——（印度）泰戈尔

人生成功需要激情、专注、勤奋、乐趣、坚持：

激情：人是被热情所吸引；

专注：专注才能获得；

勤奋：一分付出一分收获；

乐趣：人生有乐趣，就没有辛苦，就是享受；

坚持：坚持不懈，才会成功。

———凡

通过痛苦，得到欢乐。

——（法国）罗曼·罗兰

我们每个人都是天才，但是有些人只有5分钟的热度，而我对舞蹈的热情持续了80年，至今，我每天仍在练功。

——（俄国）巴莎

天才，整整37年，我每天都在练琴14个小时，现在他们居然称我为天才！

——（西班牙）小提琴家帕布罗·撒拉萨尼

形成天才的决定性因素，应该是勤奋。

——郭沫若

天才在于积累，聪明在于勤奋。

——华罗庚

所谓天才，指的就是有能力的人、勤奋的人、入迷的人和忘我的人。

——（日本）木材久一

天才生于勤奋。

——（苏联）高尔基

自己不努力，老天也帮不了你。切记：只有不懈努力，才能取得成功。

——吴自良

最有希望的成功者，并不是才华出众的人，而是那些不断奋斗并善于利用一切机会去开拓的人。

——（古希腊）苏格拉底

我相信我没偷过半小时的懒。

——（英国）达尔文

今天不走，明天即是跑也不一定跟上。

——哈佛大学校训

磨难，永远是成长的基石。

——巴黎大学校训

我们征服的不是高山，而是自己。理性造就卓越，卓越必然理性。

——华贻芳

理须顿悟，事要渐修。

——妙华法师

如果你对自己要求放松，则生活对你严格；反之，若你对自己要求严格，则生活对你放松。

——（美国）华特·史代普斯

须勤于所业，知光阴时日机会之不复更来（人必须勤奋敬业，要明白时间和机会过去，就不会再来的）。

——（清）严复

幸运之神在赠给你成功的桂冠之前，往往会用逆境严峻地考验你，看看你的耐力和勇气是否足够。

——（美国）拿破仑·希尔

人生有三种时段，即过去、现在、未来。过去，是我们已经走过的人生之路；现在，是我们正在走的人生之路；未来，是我们将要走的人生之路。过去、现在和未来，都是我们生命有机组成部分。人生应该是，忆过去，无怨无悔；看现在，脚踏实地；想未来，充满信心。人生是注定要奋斗的，奋斗的人生一定会充满希望和辉煌。

——一凡

生命的意义在于创造价值。无限的过去，都以现在为归宿；无限的未来，都以现在为起点。

——（美国）史孝伯

人生有两件事能使人永恒：一是做出事情给人看；二是写出东西给人看。二者都需要付出惊人的劳动。

——曾国藩

千淘万漉虽辛苦，吹尽狂沙始到金。

——（唐）刘禹锡

百尺竿头立不难，一勤天下无难事（只要勤奋，天下就没有难做的事情，即使百尺竿头也能昂然挺立）。

——（清）钱德苍

只有在逆境中挣扎过、奋斗过的人，才可以说无愧于人生。

——华罗庚

上帝只能帮助那些自助的人。那种经得起考验的人，才是神最偏爱的人。

——《圣经》

有1%的可能，做100%的努力，获取100%的收获。

——筱陈

从成功学来说，决定成败的往往就是“火候”，这个“火候”就是自信心。有的人为什么不成功，不是能力问题，而是信心问题。在“信心”这个关键点上放弃了；有的人做一件事，已经完成了99%，但是在那关键的1%不得不放弃，因为他武装不足，能力和水平决定他无法在1%时取得突破。

——筱陈

人生就是永不休止的奋斗！只有选定目标并在奋斗中感到自己的努力没有虚掷，这样的生活才是充实的，精神也会永远年轻。

——路遥

我创作了《康熙大帝》《雍正皇帝》《乾隆皇帝》等多部著作，我是下了功夫的：凌晨一点半前，未睡过觉；在图书馆看书，不知下班，被人关在屋里；为了防止现代语言，一年多未看电视、报纸；第一部写出，头发都掉了等等。

——二月河

世上无难事，只怕有心人。

——（明）吴承恩

忍守十年，方可出手。

——（日本）堤义明

古往今来，凡是成就一番事业对人类有所贡献的，无不是脚踏实地艰苦攀登的结果。

——钱三强

编按：钱三强，著名核物理学家，“两弹一星”功勋科学家，他领导研制了中国第一颗原子弹，做出重要贡献。在“四人帮”横行的日子里，他洁身自好，保持清白，受到人们称赞。他说：“清白是做人的原则，要画好人生句号，一定不要辜负人民的期望。”

伟大的成就和辛勤的劳动是成正比例的，有一分劳动就有一分收获，日积月累。奇迹就可以创造出来。

——鲁迅

编按：鲁迅，我国伟大的文学家、思想家、革命家。在那动荡的年代，鲁迅用笔战斗，抨击黑暗势力和国民党的反动政策，他被称为中国人的精神象征。他说：“横眉冷对千夫指，俯首甘为孺子牛。”这是鲁迅的名言，也是他一生的生动写照。

一勤天下无难事，人生成功的关键完全在于个人的努力。所谓运气，就是当机会来临时你已经做好了准备。天下事都是经过相当辛苦才可以得到，这个道理很浅，却很难做到。

——王永庆

编按：王永庆，中国台湾著名企业家，创立台塑集团，进入世界500强企业，其成功经验就是“要和自己竞争”。他被称为“经营之神”。

流自己的汗，吃自己的饭。人生只有通过勤奋的努力，才能获得成功的满足感。

——（美国）巴菲特

编按：巴菲特，美国著名投资商，据2016年胡润全球富豪榜，巴菲特夫妇资产以4500亿元人民币在美国排名第二。巴菲特承诺将资产捐献给慈善机构。其中85%交由比尔·盖茨夫妇基金会来运作。

无论做什么事情，只要肯努力奋斗，就没有不成功的。

——（英国）牛顿

编按：牛顿，英国著名物理学家，是一位百科全书式的“全才”，他开拓了向科学进军的新纪元。著有《自然哲学之数学原理》等。

要做就做最好的。人的一生有无成就，全在业余时间是否比别人想得多，干得更多。

——（日本）土光敏夫

编按：土光敏夫，日本著名企业家，日本东芝公司创始人、总经理，日本经济界泰斗级人物。

虽然我以陈纳德将军的夫人为荣，但我更以靠自己的努力开拓的天空为傲，更以在白人的天下无畏地和他们比高下为傲。

——（美国）陈香梅

编按：陈香梅，美籍华人，曾经是美国国际合作委员会主席、美中航运公司总裁，还出版《往事知多少》《美京内幕》等40多部著作。

人生成就=能力×努力×态度。能力，既有天生遗传，更重要的是后天的学习。一个人的能力是很重要的。再有能力不努力也达不到目标，要肯于付出超出其他人的努力，竭尽全力。能力和努力可以打分，从0到100分。而态度，可以用正100分到负100分。态度最重要的是热情，工作要靠心来完成，要用精神完成。

——（日本）稻盛和夫

编按：稻盛和夫，日本著名企业家，他创立的日本京都陶瓷公司进入世界500强。占据世界市场80%的份额，美国制造航天飞机和计算机系统，都用京都陶瓷产品。同时，他还是一位用心修行的企业家，他强调："人来到这个世界，就是来修行的。"

成功秘诀：A=x+y+z。A代表成功，x代表劳动，y代表正确的途径和方法，z代表不说空话。

——（美国）爱因斯坦

编按：爱因斯坦，美国著名物理学家，他因发表"相对论"而获得诺贝尔奖。"相对论"，已成为科学史上的里程碑，引发了一场伟大的革命。

6. 意志

意志是唯一不会耗竭的力量，也是人之永远具备的力量。

——（德国）叔本华

不为外撼，不以物移，而后可任天下之大事。

——（明）吕坤

意志力高于一切，一个能控制自己意志的人，才能创造自己美好的未来。

——（美国）奥里森 · 马登

钢铁般的意志，比智慧和博学更重要。

——（美国）爱因斯坦

伟大人物最鲜明的标志，就是顽强的意志，不管环境如何变化，他们的初衷都不会改变，最终克服困难，达到预期目标。

——（美国）爱迪生

意志是成为天才的基本特征，是衡量天才的标准。

——（俄国）别林斯基

一个人的成败，全系于意志力的强弱。

——《一生的资本》

最伟大的能力就是征服自己，最伟大的技巧就是超越自我的能力。

——（日本）稻盛和夫

成大事者主要不在才能，而在顽强的意志。一个人无论做什么事情只要持续奋斗，是没有不成功的。不积跬步，无以成千里；不积小流，无以成江海。

——晓力

成功取决于精神力量。

——（美国）查尔斯·哈奈尔

字典里最重要的三个词，即意志、工作、等待，我要用这三块基石来建造我的成功金字塔。

——（法国）巴斯德

信心、坚毅、把握机会，是成功的三大法宝。

——邵逸夫

古人能成大事者，必其自胜之力甚强（古人能成大事的，都是战胜自己的能力很强的）。

——梁启超

意志，将使人获得无比巨大的力量，这种力量能控制一个人的精神世界，使人的心智达到前所未有的高度。

——佚名

认为意志主宰世界的人，都是了不起的人。

——（美国）爱迪生

日复一日地生活，若不以坚强的意志为支撑，就会凸显出焦虑和悔恨。

——（俄国）列夫·托尔斯泰

意志最大的欲望就是生命，哪儿有意志，哪儿就有生命，一个人只要有顽强的意志，生命之路才会更持久。

——（德国）叔本华

坚韧是生命的脊梁。永不屈服、百折不回的精神，是获取成功的基础。成功有两个最重要的条件：一是坚定；二是忍耐。这需要意志坚定的人才能做到。

——（美国）阿尔伯特·哈伯德

达成重要目标，有两个途径：一是势力；二是毅力。势力，只是少数人所有；而坚忍不拔的毅力则多数人都可实行，它沉默的力量随着时间的推移最终无法抵抗。

——（法国）拿破仑

伟大的作品成于持之以恒，而非力量的大小。

——（美国）萨缪尔·约翰逊

成功的秘密，在于坚持不懈。

——（英国）本杰明·迪斯里

永远记住：对成功的坚定决心，比任何其他事情都重要。

——（美国）林肯

我的信念是：决不放弃，决不放弃，决不放弃。

——（英国）丘吉尔

如果你摔倒了七次，第八次再爬起来。

——（美国）达西

坚韧是高于一切的好品质，它的过人之处是，你表现得越坚韧，你就会变得越坚韧。

——（美国）杰克·霍吉

意志的特质，叫英雄气概。

——（法国）雨果

用坚定的意志，抵御一切危难。

——（英国）莎士比亚

所谓强者，就是既有意志，又能等待时机的人。

——（法国）巴尔扎克

意志力是坚定不移志向的副产品，它的表现是发自内心的、坚忍不拔的行动。

——（美国）拿破仑·希尔

掌控你的意志力，要使自己的生命具有特殊意义，就要从事高尚的事业，无论面对多少艰难曲折，决不放弃自己的志向，要用意志力点燃生命火炬。

——（美国）阿尔伯特·哈伯德

要想取得一番成就，就要经得起诱惑，抵不住诱惑，随波逐流，成功的概率就很低。要想在自己喜欢的领域做出一番事业，就要勇于做一个寂寞的高手。

——（德国）歌德

俗谚有云：日日行，不怕千里。得见有恒，则七级浮屠，终有合尖之日（俗语说，每天坚持行路，不怕千里万里之远。可见，只要有恒心，即如建造七级佛塔，终有到顶合尖的时候）。

——（清）严复

自我控制，是最强者的本能。

——（爱尔兰）萧伯纳

真正的才智，乃刚毅之志向。

——（法国）拿破仑

苦难对于天才是一块垫脚石，对于弱者则是一个万丈深渊。

——（法国）巴尔扎克

厄运更能磨炼人的德行。

——（英国）莎士比亚

困苦能孕育灵魂和精神力量。

——（法国）雨果

战胜困难和厄运，唯有两种武器：一个是高尚的目标；一个是坚强的意志。

——朱梧槚

故天将降大任于斯人也，必先苦其心志，劳其筋骨，饿其体肤，空乏其身，行拂乱其所为，所以动心忍性，增益其所不能。（上天要将大任交给一个人的时候，必先使他的心志受到折磨，筋骨受到劳累，肠胃受到饥饿，身子受到困乏，百事不如意。这样，就可以激励他的心灵，坚韧他的性情，增加他平时不具有的能力）。

——《孟子·告子下》

人生强者都是从风雨中走出来的：托尔斯泰、达尔文、牛顿、岳飞、范仲淹、海瑞、聂耳，他们都是4岁以前丧母或丧父，备受生活艰辛，在生活的最底层挣扎，最后战胜恶劣处境，拥有了光辉的人生。

——张振学

古今之成大事业、大学问者，必经过三种境界："昨夜西风凋碧树，独上高楼，望尽天涯路"，此第一境也；"衣带渐宽终不悔，为伊消得人憔悴"，此第二境也；"众里寻他千百度，蓦然回首，那人却在灯火阑珊处"，此第三境也。

——（清）王国维《人间词话》

苦难是人生最好的教育。

——（美国）罗斯福

人间苦难是净化人心灵的火焰。

——（英国）勃朗宁

一个人只有在逆境中，才能考验出到底有多大的承受力，有多少挑战逆境的智慧。

——晓力

强者藐视困难，弱者仰视困难。

——（美国）马克·吐温

我做事形成一个习惯，在做决定之前，我总是冷静地思考判断，但我一旦做出决定，就将义无反顾地执行到底。

——（美国）洛克菲勒

顺境显示高尚或邪恶，逆境显示坚韧或怯懦。古今中外的大量事实说明，伟大的人格无法在平庸中养成，只有经历熔炼和磨难，愿景才会激发，视野才会开阔，灵魂才会升华，才会走向成功。

——（美国）保罗·史托兹

胜利，将有最有毅力的人获得。

——（法国）拿破仑

一个人失败的最大原因，就是对自己的能力缺乏信心，甚至认为自己必将失败无疑。

——（美国）富兰克林

训练和提升意志力，就能使一个人获得成功的强大动力，征服常人难以征服的障碍，承受常人难以承受的苦难，完成常人难以完成的事业。

——（美国）弗兰克·哈德克

成功的第一要素，就是能够将身体和心智的能量锲而不舍地运用在同一问题上而不会厌倦的能力。

——（美国）爱迪生

自我超越，就是向自己挑战。你每做一件事情，尽你所能做得比上次更好，更快。

——（美国）拿破仑·希尔

内在的动力，是成功的决定因素，也是解决心理贫困的突破口，有了不断提升的欲望为内在动力，人们就可以掌握自己的命运。

——（美国）戴尔·卡耐基

知道“为何”活着的人，几乎能够忍受任何“如何”。

——（德国）尼采

人生有“两个翅膀”：一个是目标，一个是毅力，有了这两个翅膀，才能飞得高，飞得远。

——一凡

逆境是磨炼人的最高学府。

——（古希腊）苏格拉底

磨砺为吾性也，缺之，不可度人生之险；有之，则可使人有败而成。

——曾国藩

意志为王，意志决定命运。

——王小平

人生做任何事情，如果没有一种咬牙的精神，没有一种坚持到底的精神，是不可能成功的。

——王健林

编按：王健林，大连万达集团公司董事长、总裁，2016年胡润全球富豪榜，王健林以2150亿元成为中国首富。

没有人可以随便成功。人生就是不断自我超越，人生最大的挑战就是挑战自己。

——成龙

编按：成龙，不仅学武功，还自学英语、日语、德语，他勇于为事业付出代价，他拍的电影从不用替身，他的拼命精神征服了亿万观众。被美国好莱坞授予终身成就奖。

人有三种精神状态，即：“本我”“自我”和“超我”。“本我”，是指人的一种本能的冲动，它不问时间，不看条件，不顾后果地一味追求自我满足。本我同本能相似，显然是非理性的。“自我”，体现理性和常识，具有时间概念，价值判断，区分好与坏、善与恶，以适应社会。“超我”就是人是有精神追求的，有道德追求的。有真善美追求的，人是追求高尚行为的主体。

——（奥地利）弗洛伊德

意志是第一动力，信心是第二动力。

——（法国）雨果

编按：雨果，法国著名作家，主要代表著作有《巴黎圣母院》《悲惨世界》等。

意志是不可能战胜的，在意志面前，一切都得弯腰低头。

——（苏联）高尔基

编按：高尔基，苏联著名作家，主要代表作有《母亲》《童年》《我的大学》《在人间》等。

逆境能打败弱者，而造就强者。

——（美国）尼克松

编按：尼克松，美国前总统，1972年2月访华，是第一位访华的美国总统，双方发表了《中美联合公报》，从此打开了中美关系。

伟大的意志不仅要善于期待并获得某种东西，而且要善于在必要时放弃某种东西。

——（苏联）马卡连柯

编按：马卡连柯，苏联教育家、作家，代表著作有《父母必读》《教育诗》《马卡连柯教育文集》等。

自我超越是个人成长、学习的修炼，具有高度自我超越的人，能不断扩张他们创造生命中真正心之向往的能力，去追求成功。

——（美国）彼得·圣吉

编按：彼得·圣吉，美国学习型组织创建者，代表著作为《第五项修炼》。

疾病是可怕的，但更可怕的是人的失望和绝望。

——（英国）霍金

编按：霍金，英国著名物理学家，他8岁时起疾病缠身，在大学时患上肌萎缩硬化症，从此瘫痪。但他以惊人毅力从事科学研究，他写的《时间简史》，被翻译成世界40多个国家的文字。

人要有毅力，否则一事无成。在成名的道路上，成名者流的不是汗水，而是鲜血。成名者的名字，不是用笔而是用生命写成的。

——（波兰）居里夫人

编按：居里夫人，波兰著名物理学家，诺贝尔物理学奖获得者。她在一间破旧厂房，用4年时间从400吨矿石中提取不到1克的镭，最后测定原子量为225。这个简单的数字凝聚了她多少心血，这需要多么执着顽强的精神！

第二篇　厚德载物

——好品格是人生成功幸福的根基

人生就是奋斗，就是进击，既要做出成就，为社会做出贡献；又要经受种种考验，这样人生才能立得住。这些靠什么，靠好品格。人格的完善是本，财富的建立是末。本立而末生，本坚而末成，切勿本末倒置。人生要想成功，要想获得幸福快乐，必须有好品格。好品格是人生灵魂的支柱，品格的力量大于知识、能力的力量。金钱买不到品格，权力换不来品格，邪恶压不住品格，历史忘不了品格。无有任何人可以超越自己的品格做事。人有好品格，才会受到人们的敬重，让人从内心接纳，才会有好人缘，愿意与你合作；才会有人帮扶，提携你走向成功；才会有稳固的家庭，享受人生的幸福和快乐。人生是“小胜在智，大胜靠德”，人生最后的竞争是品格的竞争、境界的竞争。好品格，是人生发展的“通行证”，是人生成功幸福之根，这是成功者的基本特征。

7. 道德

地势坤，君子以厚德载物（坤，象征大地的形势。君子应效法大地，以宽厚的德行，承载万物，这是中华传统文化的最高学问）。

——《易经》

有的人活着，他已经死了，有的人死了，他还活着。

——臧克家

普遍的道德是社会的基础，普遍的良心是法律的基础。

——（法国）雨果

德者，才之帅也；才者，德之资也。

——（北宋）司马光

德者，本也；财者，末也。

——曾参《大学》

富润屋，德润身。

——曾参《大学》

德者事业之基，未有基不固而楼宇坚久者（优秀的道德是一切事业的基础，正如盖房子一样。如果没有坚固的地基，就不可能修建起坚固耐用的房屋）。

——《菜根谭》

德者才之主，才者德之奴。有才无德，如家无主即奴用事矣，几何不魍魉猖狂（品德是一个人才能的主人，而才能是品德的奴婢。如果一个人只有才能而缺乏品德，就好像一个家庭没有主人而奴婢当家，这样哪有不胡作非为、放纵嚣张的呢）？

——《菜根谭》

道德是什么？即生命的和谐，人生的艺术。所谓生命的和谐，即人生生理心理（知情意的）和谐，同时亦是我们生命与社会其他人的生命的和谐。所谓人生的艺术，就是会让生命和谐，会做人、做得痛快漂亮，生命流露精彩。

——梁漱溟

所谓道德，就是对人有好意和为别人做好事的意愿。

——（美国）德莱塞

道德可以分为两种：一种是智慧的道德，另一种是行为的道德。前者从学习中获得，后者则是从实践中获得。

——（古希腊）亚里士多德

人以品为重，品以行为主。

——《格言联璧》

道德是做人的根本，根本一坏，纵然你有一些学问和本事，也无甚用处。并且，没有道德的人，学问和本领愈大，就能为非作恶愈大。

——陶行知

禁微则易，救末者难（节制不良行为在萌芽阶段很容易，而酿成大祸时再来挽救就很困难了。告诉我们，努力改正小错，才不会酿成不可救药的严重后果）。

——（宋）范晔

任何试图欺骗生活的人，最后只是欺骗了自己。

——（美国）查尔斯·哈奈尔

道德净化并不是要彻底去掉七情六欲，而是要使七情六欲合于规范。

——（意大利）阿奎那

品德高于才智。唯有品德可以开启成功之门，收获成果之果。

——（德国）马顿

德高便是佛，思远便是仙。

——陈伯安

三德：一曰正直，二曰刚克，三曰柔克（三种美德，一是正直，二是能刚，三是能柔）。

——《尚书·洪范》

德不配位，必有灾殃（人没有良好的道德，掌握过大的权力，过多的财富、进行过分的消费，必然给人带来灾祸）。

——《朱子治家格言》

以牺牲道德来获得短时的利益，最后必将以加倍的代价来偿还道德的成本。

——喜子

祸难生于邪心（灾难产生于邪恶的思想）。

——《韩非子》

怒是猛虎，欲是深渊。

——《格言联璧》

人没有知识就愚昧，没有思考就鲁莽，没有情操就鄙俗。人的本质是知识、思考和情操，这是人与动物的区别，而思考是人的核心。

——（俄国）车尔尼雪夫斯基

大学之道，在明明德，在亲民，在止于至善（“大学”的道理，在于使人们的美德得以显明，在于使天下的人革旧更新，在于使人们达到最好的理想境界）。

——曾参《大学》

古之欲明明德于天下者，先治其国；欲治其国者，先齐其家；欲齐其家者，先修其身；欲修其身者，先正其心；欲正其心者，先诚其意；欲诚其意者，先致其知；致知在格物（格物，推究事物的原理。古时候，想要使美德显明于天下的人，先要治理好他的国家；想要治理好自己国家，先要整治好他的家族；要整治好自己的家族，先要努力提高自身的品德修养；要提高自己的品德修养，先要端正自己的内心；要端正自己的内心，先要他自己的意念诚实；要想自己的意念诚实，先要达到认识明确；而要达到认识明确的方法，在于推究事物的原理）。

——曾参《大学》

君子以顺德，积小以高大（君子应谨慎自己的德行，不断进修，由小处着手，累积成高大）。

——老子《易经》

修之于身，其德乃真；修之于家，其德乃余；修之于乡，其德乃长；修之于邦，其德乃丰；修之于天下，其德乃普。故以身观身，以家观家，以乡观乡，以邦观邦，以天下观天下。吾何以知天下然哉？以此。

——老子《道德经》

只有道德和具有道德的人格，人才会有尊严。

——（德国）康德

德行即使衣衫褴褛，如同乞丐，同样会受到人们的尊重。

——（德国）席勒

现代人的人生悲剧在于，他们想要的与现实所提供的有很大的差距，以致引发精神的苦恼和行为的扭曲。

——李延国

多行不义必自毙（人总是做不合道义的事，最终定会自取灭亡）。

——《左传》

一个人私欲膨胀，就会发展为恶欲，恶欲最后导致伤天害理，而伤天害理一定会受到惩罚。这是人生时时要警惕的。

——佚名

一个人的礼貌，就是照出他肖像的一面镜子。

——（德国）歌德

人有第一等的知识，也要有第一等的道德。谦则能和，傲则易怒，和为做人成功之本。

——海涛法师

知足不辱，知止不殆，可以长久（人知足就不会招致侮辱，知道适可而止就不会遭到危险，因此可以保持平安长久）。

——老子《道德经》

小勇，血气所为，大勇，义理所发（小勇只是血气的一时冲动，而大勇则需要道义来激发）。

——朱熹《四书章句集注》

善恶生于公私（做好事出于公心，干坏事出于私心）。

——（唐）独孤及《对诏策》

一个人如果没有原则，就会像一艘在大海中失去了航舵或方向的船只，随风漂流，任意东西。他就会成为一个没有法律、没有规则、没有程序、没有政治的人。

——（美国）爱因斯坦

请牢记：人生对正确原则的重视和采纳是重中之重。

——（美国）埃尔伯特·加里

重要原则不可变。

——（美国）林肯

千学万学，学会做人。

——陶行知

人，之所以为人，第一要自己有尊严，第二要尊重别人的尊严，而且是诚挚地尊重。

——柏杨

什么叫做人，此做的意义，如“做父亲”“做儿子”“做官”之做，是父或子的人，做父或子应该做的事，即做父亲或做儿子。是人的人，做人应该做的事，即为做人。

——冯友兰

恻隐之心，仁也；善恶之心，义也；恭敬之心，礼也；是非之心，智也。无恻隐之心，非人也；无善恶之心，非人也；无是非之心，非人也；无辞让之心，非人也。

——孟子

人性一半是天使，一半是恶魔。天使能生出理想、诚实、爱心、正直、廉洁、无私、欢乐……魔鬼能生出邪恶、残暴、贪婪、冷酷、奸诈、嫉妒、狂傲……天使能变成恶魔，恶魔也会变为天使。

——田野

谁不能控制邪欲，谁就把自己摆在了禽兽之列。

——（意大利）达·芬奇

人生分为四种境界：一曰自然境界；二曰功利境界；三曰道德境界；四曰天地境界。

——冯友兰

观操行，在利害时；观精力，在饥疲时；观度量，在愤怒时；观镇定，在震惊时。

——《格言联璧》

以信仰为根本，培养做人的神圣感；以因果为法则，培养做人的责任感；以良知为保障，培养做人的敬畏感；以道德为操守，培养做人的尊敬感。

——净慧法师

文章做到极处，无有他奇，只是恰好到处；人品做到极处，无有他异，只是本然（指最善良的本性）。

——《菜根谭》

人生有两大内涵，即做人和做事，做人做事力求做到两大圆满，是人的最高境界。

——陈峰

人生的意义全是各人自己寻出来、造出来的：高尚、卑劣、清贵、污浊、有用、无用……全靠自己的作为。生命本没有意义，你要能给他什么意义，他就会有什么意义。

——胡适

势力纷华，不近者为洁，近之而不染者为尤洁（面对世上纷纷追求名利的恶行，不去接近是志向高洁；然而接近了却不受到污染更为品格高洁）。

——《菜根谭》

人其实是最难认识自己的，也就最难找到自己生命的转化方式，这正是一些人拥有一个失败人生的根源。

——欧阳斌

要断送一个人，只要他染上一种不良的嗜好。

——（法国）巴尔扎克

如果道德败坏，他的趣味也必然堕落。

——（法国）狄德罗

心灵漆黑一团，能使人变成野兽。

——（英国）狄更斯

人生有六样东西可以毁灭我们：

（1）没有道德的政治；

（2）没有责任的享乐；

（3）不劳而获的财富；

（4）没有是非观念的知识；

（5）不道德的生意；

（6）没有人性的科学。

——（印度）甘地

道德的进步，在于意识到由利己转向利他。

——（印度）泰戈尔

道德修养的六个等级：

（1）损人损己（如杀人之后自杀者）；

（2）损人利己（如欺诈者）；

（3）不损人不利己（如醉生梦死者）；

（4）不损人，只利己（如修身养性者）；

（5）利己利人（如企业家赚钱后回报社会）；

（6）舍己利人（如牺牲自己救助他人）。

——（美国）罗斯特

纵容自己就是毁灭自己，如纵容自己的欲望、纵容自己的安逸需求、纵容自己的弱点，纵容自己的情绪等。伟人之所以成为伟人，就是因为他们永远不会纵容自己。

——易颜

从善如登，从恶如崩（人生学好难如登山，学坏易如山崩）。

——（春秋）左丘明《国语·周语下》

真正的教育，是提高人的品格，提高人性。

——（日本）松下幸之助

使人高贵的，不是财富，不是权势，而是人的品格。

——（英国）劳伦斯

生命短促，只有品格能使人留传于后世。

——（英国）莎士比亚

好品格是人生和企业发展的基石，没有人能超越自己的品格做事。为了在事业上取得真正的成功，必须认识到个人品格的重要性，并认真培养好品格。切记：智慧+好品格=成功。

——（美国）何霆翱

编按：何霆翱，美国培基教育学院品格训练中心主任。在当今社会道德滑坡之际，海外兴起品格训练，值得我们思考、借鉴。

图片说明：笔者作为《中外管理》杂志社记者，曾采访何霆翱主任，现将何霆翱主任主要观点介绍如下：
所谓好品格，是一个无论在任何场合都按最高要求的行为标准做正确事的内在动机。好品格源自一个人的内心深处，它不受年龄、地位、财富、种族、宗教、教育、性别和个性的限制。一个人的好品格如何，是看他在四处无人时做些什么。

——（美国）何霆翱

现在人们都在追求成就，而忽略了品格的培养，这会吃苦头的。追求成就，忘记品格，人生就会失衡。

——（美国）何霆翱

好品格是人生灵魂的支柱，自律自制是好品格的精髓。

——（美国）何霆翱

好品格的益处：
（1）提高士气，发挥人的潜能；
（2）给人带来成就感；
（3）构建良好的人际关系；
（4）促进人的健康（心理，生理）；
（5）提升人生的精神和心灵境界；
（6）稳固家庭，享受人生幸福。

——（美国）何霆翱

好品格产生生产力。好品格—产生信任—信任产生合作—合作形成团队—团队创造品质和利润。信任是一种稀缺资源，信任具有积累性、增值性、无价性和易碎性。信任是人生最大的资源。

——（美国）何霆翱

人的品格是人综合素质的表现，一个有品格的人一定是一个有“国格”和“家格”的人。人生最大的损失，是丧失品格。

——（美国）何霆翱

要检验一个人的品格，就是看他在艰难的压力下如何反应。一个好品格的人，无论在怎样的困难情况下，都会有正确的态度和行为。危机不是培养品格，而是显示品格，只有平时注意培养，关键时刻才能显示出好的品格。

——（美国）何霆翱

如何培养好品格：

（1）要依据品格建立企业文化；

（2）使人懂得好品格与企业、家庭和社会的关系；

（3）领导要宣讲、确认好品格的基本要求；

（4）一次注重学习一个品格；

（5）当员工表现出好品格时就予以表扬；

（6）要先赞美品格而非先赞美成就；

（7）依据品格来做一切聘用的决定；

（8）领导要示范品格，而不是教育品格。

——（美国）何霆翱

没有一样东西，会像品德那样，能够使人成功立业发迹起来。

——（美国）富兰克林

在这个世界上只有两样东西能引起人内心深深地震撼：一是我们头上灿烂的星空，一个是我们心中崇高的道德准则。

——（德国）康德

编按：康德，德国哲学家，德国古典哲学奠基人，著有《纯粹理性批判》等。

为人之道，就是“良知”和“致良知”五个字。“良知”就是讲良心；致良知，就是按良心办事。

——（明）王守仁

编按：王守仁，明代著名思想家、哲学家，主张“知行合一”，对后来社会有广泛的影响。

人生最大的祸患，不是物质的匮乏，而是理性的智障和人性的扭曲。

——（清）袁了凡

编按：袁了凡，明代进士，思想家，他根据亲身体会写下了《了凡四训——安身立命之学》，教育儿子如何安身立命，是一部名著，在社会有广泛的影响。

人如果没有美德，人就成了动物中最邪恶、最残暴，色欲和食欲也最强的动物。

——（古希腊）亚里士多德

编按：亚里士多德，古希腊著名哲学家、思想家，他是一位百科全书式的人物，主要代表著作有《形而上学》《伦理学》等。

一个知识不全的人，可以用道德去弥补；但是，一个道德不全的人，却难以用知识去弥补。

——（意大利）但丁

编按：但丁，意大利思想家、诗人，主要代表著作有《神曲》《俗语论》《帝制论》等。

心灵是一个特别的地方，在那里可以把天堂变成地狱，也可以把地狱变成天堂。

——（英国）弥尔顿

编按：弥尔顿，英国政治家、诗人，他在双目失明的情况下，口述了《失乐园》《复乐园》和《力士参孙》三部伟大的作品。

我的人生信条是“老实”，我只考虑国家和真理。粉身碎骨不可怕，只留清白在人间。

——马寅初

编按：马寅初，北京大学校长，中国著名经济学家，1957年发表《新人口论》，强调“中国人口非控制不可”，由于与当时“大跃进”的形势不一致，受到批判，但他仍坚持自己的人口论。后来平反，胡耀邦曾说：“错批一人，多生几亿。”

人的一切要合乎自然大化，顺其自然，不大喜大悲，最主要的是要多做点有益的事情。

——季羡林

编按：季羡林，北京大学副校长，我国著名古文学家、历史学家、思想家、佛学家，他精通英、德等几国语言。有人统计，他的著作有1180万字，创了中国学者写作纪录。

三军可以夺帅，匹夫不可夺志。

——梁漱溟

编按：梁漱溟，北京大学教授，中国儒学研究专家。当年，全国开展“批林批孔”运动，江青等逼他表态，他公开讲“只批林不批孔”，因而受到批判，从“批林批孔”，发展到“批梁”。但他仍坚持自己的观点，拒绝认错，真正表现了中国知识分子追求真理的骨气。

不降其志，不辱其身。要做一个有文化的实在而聪明的君子。

——钱钟书

编按：钱钟书，清华大学教授，著名文学大师。当年，全国18家电视台要拍摄“当代中华文化名人”，第一批选了36个人，其中有钱老，但他拒绝了。有人告诉他，拍摄有一大笔酬金，他说：“我姓了一辈子钱了，还迷信钱吗？”

一个科研人员，如果满脑子都是金钱、荣誉、地位这些东西，即使他很聪明，也成不了大器。科学是需要人们无私奉献的。古今中外，概莫如此。

——钱学森

编按：钱学森，著名核物理专家，“两弹一星”功勋科学奖获得者。20世纪50年代，他冒着生命危险放弃在美国的优厚待遇，毅然回国参加祖国建设，几十年如一日，为中国的科技事业贡献了自己的一生。钱老具有崇高的思想境界和高尚品德，是我国科技界的一面旗帜。

8. 责任

责任令生命庄严，在体现大爱的责任中，表现出生命的价值和力量。

——陶小爱

有无责任心，将决定一个人在学习、工作和家庭生活中的成功与失败。

——（俄国）列夫·托尔斯泰

成功人士一定要理解责任原则，并进行实践。对你的结果负起责任，是通向自由的关键。

——（美国）詹姆斯·雷

勇于承担责任，是成功者的重要品质。

——（美国）奥格·曼狄诺

高尚伟大的代价，就是责任。

——（英国）丘吉尔

责任并不是一种由外部强加在人身上的义务，而是我需要对我所关心的事情做出的反应。

——（美国）弗洛姆

责任感，常常纠正人的狭隘性，当我们徘徊于迷途时，责任感会成为我们可靠的向导。

——（印度）普列姆昌德

做什么人，就要看担起什么责任，否则，便是不合格、不称职。

——一凡

我们生在这个世界上来，是为了一个聪明而高尚的目的，必须好好地尽我们的责任。

——（美国）马克·吐温

利于国者爱之，害于国者恶之（对国家有利的事要热心去做，对国家有害的事，要憎恶它、远离它）。

——《晏子春秋》

见侮而不斗，辱之（当正义受到侮辱、欺凌时，却不挺身而出，是一种耻辱的表现）。

——《公孙龙子》

人生须知负责任的苦处，才能知道尽责任的乐趣。尽最大的责任，就得最大的快乐；尽得小责任，就得小快乐。

——梁启超

只要你尽责任，人们都会由衷地对你尊敬。

——（德国）康德

人生在世，每个人都肩负责任，责任不仅仅是对他人的负责，忠于真理、忠于内心的是好品质，更是对自己的一种责任。

——刘大夏

责任有大小之分，孝敬父母、关爱子女、帮助朋友，这是我们对个人的责任；而报效国家和民族，这是我们对国家和民族的责任。

——刘大夏

做好自己，做自己命运的主宰，就是承担起相应的社会责任。

——（挪威）易卜生

勇于承担责任的人，是值得依赖的人。

——（英国）本·琼森

要有责任意识，唯有责任才能让我们的能力展现最大的价值，表现得更卓越，只有承担起责任的生命，才是真正的生命。

——张艳玲

在这个世界上，最渺小的人与最伟大的人，同样有一种责任。

——（法国）罗曼·罗兰

凡是公民，都不能逃避责任。

——（美国）马克·吐温

一切责任的第一条，就是不要成为懦夫。

——（法国）罗曼·罗兰

我做人的原则，就是对自己负责，对他人负责。

——（中国台湾）王永庆

责任意识是履职的核心美德。

——秦红岭

责任保证绩效。

——（美国）杜拉克

对工作负责，就是对自己的人生负责。

——（美国）刘易斯

先天下之忧而忧，后天下之乐而乐（为国家分忧比别人在先，享受幸福快乐时，让别人在先，自己在后）。

——（北宋）范仲淹

有两种人永远无法超越别人：一种人是只做别人交代的工作；另一种人做不好别人交代的工作。主动要求承担更多责任或自动承担责任，是成功者必备的素质。

——（美国）阿尔伯特·哈伯德

我相信，每一份权力都意味着责任，每一份责任都意味着一份义务。

——（美国）洛克菲勒

从工作讲，责、权、利三者统一是很重要的，但是责任是摆在第一位的，没有责任，权和利就根本无法实现。因此，责任高于权利和义务。

——理清

在工作中，对责任的界定和实施是基本要求，每个工作岗位都要有明确的责任描述。

——理清

强烈的事业心，必须有强烈的责任感做支撑。

——理清

我平时很少题词，但是我却给四所财经大学和学院写了“不做假账”的题词。

——朱镕基

作为一名财务人员，“不做假账”是基本的社会责任，责任感就是一种高尚的职业道德。

——理清

人生是正确一生，还是错误一生，要靠自己选择。人生之路，只能由自己一个人走，没有依傍，没有导师，不管你怎么做都是自己的选择。人选择成为自己希望所要的，并对自己的选择负全部责任。

——佚名

当我们竭尽全力尽职尽责时，不管结果如何，我们都赢了。因为这过程带给我们满足，带给我们快乐，使我们成为赢家。

——佚名

“没有任何借口”，是美国西点军校200年来奉行的最重要的行为准则，它强化的是每个人应想办法完成任何一项任务，而不是为没有完成任务去寻找什么借口，哪怕看似合理的借口。

——（美国）费拉尔·凯普

工作中没有借口，人生中没有借口，失败没有借口，成功是属于不寻找借口的人。

——（美国）费拉尔·凯普

人们经常为自己的行为寻找借口，例如为迟到寻找借口，假如迟到一分钟就被枪毙。这时你还会让借口发生吗？

——（美国）费拉尔·凯普

借口的实质，是推卸责任，把属于自己的过失掩饰掉。负责任，是一个人成熟的标志，越是成熟，责任心越重。

——（美国）费拉尔·凯普

生活中只有两种行为：要么努力地表现，要么就是不停地辩解。

——（美国）弗洛姆

当责任从前门进来，你却从后门溜走，你失去的是伴随责任而来的机会。

——（美国）阿尔伯特·哈伯德

有良心，就有责任心。通常讲，一个有责任心的人，绝对是一个好人。

——曾国藩

负责任就是要从细节做起，责任体现在细节之中。细节是成就大事的关键，没有细节就没有成功。

——张艳玲

一定要树立这样的观念，承担责任光荣，推卸责任可耻。

——张艳玲

一个人承担的责任越大，说明他的能力越强，就越有发展空间，很难想象一个不愿意承担责任的人，会有很好的发展前途。

——张艳玲

责任改变人生。责任，就是对自己负责使命的忠诚和坚守；责任，就是忘我的坚持；责任，就是出色地完成任务；责任，就是人性的一种升华。人生种下责任的种子，必定会有出色的表现。

——张艳玲

一个人当他全身心地投入到工作中，并取得成绩时，他将是快乐和放松的。但是，如果情况相反的话，他的生活就会平淡无奇，并且不得安宁。

——（美国）爱默生

要树立“没有责任就等于失业”的理念。一个人没有责任，怎么能把工作交给你？不把工作交给你，就等于你没有岗位，没有责任就面临着失业。

——张利祥

提升责任的九把钥匙：

（1）忠诚，是一种荣誉；
（2）勇气，是成功的催化剂；
（3）敬业，是责任感的延伸；
（4）诚信，是立业之本；
（5）勤奋，通往成功之路；
（6）谦逊，不断进步的阶梯；
（7）激情，让人生超越平凡；
（8）进取心，美德的体现；
（9）服从，责任的灵魂。

——张艳玲

责任，就是我们对自己要做的事情的一种爱，人一旦受到责任感的驱使，就能创造出奇迹来。

——（德国）歌德

编按：歌德，德国著名剧作家、思想家，政治家，他的代表作《少年维特之烦恼》《浮士德》等，已成为世界文学名著。

我们的态度在很大程度上决定我们人生的成就：

（1）我们怎样对待生活，生活就怎样对待我们；
（2）我们怎样对待别人，别人就怎样对待我们；
（3）我们在完成一项任务刚开始的态度，决定了最后有多大的成功，这比任何其他因素都重要；

（4）人们在任何组织中的地位越高，就越能找到最佳的态度。

切记：我们的环境——心理的、感情的、精神的——完全由我们自己的态度来创造。

——（美国）吉米·道南

天下兴亡，匹夫有责（国家的兴亡、衰败，每个人都有很大的责任）。

——顾炎武

编按：顾炎武，明末清初时期思想家、诗人。他所说的“天下兴亡，匹夫有责”，充分反映他强烈的爱国情怀，已成为中国人的座右铭。

人的责任是先公正而后宽大。人能尽自己的责任，就可以感受到如吃梨喝蜜似的，把人生这杯苦酒的滋味给抵消了。

——（英国）狄更斯

编按：狄更斯，英国著名作家，他的代表作《双城记》《雾都孤儿》等，一百多年来在世界盛行不衰。

如果你有很强的责任感，就能够接受别人不愿意接受的工作，并从中体会到辛劳和乐趣，那你就能克服困难，达到他人无法达到的境界，并得到应有的回报。

——（英国）比尔·盖茨

编按：比尔·盖茨，美国著名企业家，微软公司创始人、董事长，软件工程师，31岁成为世界首富。2016年以810亿美元蝉联世界富豪榜首，比尔·盖茨创立慈善基金，承诺将98%的财产捐献用作慈善事业。

研究原子弹是我多年的梦想，组织上让我参加，我只一句话：愿以身许国。

——王淦昌

编按：王淦昌，我国著名核物理学家，“两弹一星”功勋奖章获得者。王淦昌作为核研究院院长，从此隐姓埋名全身心投入研究工作中。第一颗原子弹，中央要求“保响、保测、保安全，一次成功”，1964年10月16日他站在主控室下达命令，爆炸成功，王淦昌含着热泪大喊：“成功了！成功了！”

一不为名，二不为利，但工作目标要达到世界先进水平。

——邓稼先

编按：邓稼先，我国著名核物理学家，“两弹一星”功勋奖章获得者。在一次核试投弹中未出现蘑菇云，他明知有危险，为取得第一手资料坚决到现场察看，为此，受到核辐射，染病，最后去世，终年62岁。

9. 仁爱

仁慈之心，永远是一个人心灵高贵的标记。

——（法国）巴尔扎克

一个人只有爱着什么的时候，他才能活下去，如果什么都不爱，那他活着还有什么劲呢？

——（苏联）高尔基

仁者，爱人也。

——《论语》

一颗仁爱之心，比智慧更好、更有力量。

——（英国）狄更斯

以爱己之心爱人，则尽仁（如果能像爱自己那样看别人，那么可以说完全达到仁人的精神境界）。

——张载《正蒙·中正》

己所不欲，勿施于人（自己不喜欢的事，不要强加到别人身上）。

——《论语》

仁者不忧，智者不惑，勇者不惧（有德行的人不会忧虑，有智慧的人不会迷惑，有勇气的人不会畏惧）。

——《论语》

爱人者，人恒爱之；敬人者，人恒敬之（爱别人的人，别人总会爱他，尊敬别人的人，别人也会尊敬他）。

——《孟子·离娄下》

成功法则中有一条黄金定律，即“待人如己”。就是凡事要注重为他人着想，站在他人立场上思考。遵守黄金法则，不仅是一条道德法则，而且也是一种动力，推动人际环境的改善。

——（美国）费拉尔·凯普

爱，是能够把不同信仰的人团结在一起。

——（印度）泰戈尔

以仁恩之，以义教之，赏欲进其善，罚欲诅其恶。

——《佛学格言》

唯有懂得感恩并领悟幸福和快乐的人，才能真正体验人生的意义和价值。

——佚名

感恩是人的优秀品格，感恩不仅指要感谢大恩大德，感恩是一种境界、一种胸怀、一种善于发现美并欣赏美的道德情操，要感谢父母的养育之恩、亲人的关爱之恩、老师的教育之恩、同事的协作之恩、上司的栽培之恩等等。总之，要感恩世界的种种给予。

——（美国）苏珊

感激是美德之母，幸福之源。

——（古罗马）西塞罗

当你感激时，你会变得伟大，并最终带来美好的事物。

——（古希腊）柏拉图

生活在感激的世界里：
感激养育你的人，因为他给予你生命；
感激教育你的人，因为他丰富你心灵；
感激关爱你的人，因为他教会你付出；
感激启迪你的人，因为他升华你智慧；
感激批评你的人，因为他拓宽你胸怀；
感激伤害你的人，因为他磨砺你意志；
感激欺骗你的人，因为他唤醒你认知；
感激压制你的人，因为他强化你能力。

——（美国）苏珊

给予的本质，是一种人性的传达，一个人把自己最珍贵的东西——知识、快乐和财富、谅解——奉献出来，不仅感染对方，也会感染自己，使生命的意义在双方身上得到体现。

——（美国）弗洛姆

给予，能给人带来最大的快乐和享受。

——（美国）弗洛姆

给予，使被给予者向给予者靠近，由于这种相互吸引、相互分享，给人带来极大的快乐，丰富了人生内涵。

——（美国）弗洛姆

娘怀儿一个月不知不觉，娘怀儿两个月才知其情，娘怀儿三个月饮食无味，娘怀儿四个月四肢无力，娘怀儿五个月头晕目眩，娘怀儿六个月提心吊胆，娘怀儿七个月身重如山，娘怀儿八个月不敢笑言，娘怀儿九个月寸步难行，娘怀儿十个月才离娘怀。

——冯玉祥《十月怀胎》

施者的境界，要比受者宽大；施者所获得的快乐，比受者更丰富。唯有分享快乐的人，唯有懂得感恩的人，才是有价值、有意义的人生。

——郑武俊

人生要懂得给予：如果你想得到快乐，那就要给别人快乐；如果你想得到别人的爱，那就要学会奉献爱；如果你想得到别人的关心和欣赏，那你就要学会关心别人、欣赏别人等等。人生付出得越多，收获就会越多。

——（印度）迪帕克·乔普拉

要懂得知恩图报。行善和报恩，要遵循这一法法则，即所给予的帮助必须与受助者的需要相称。

——（古罗马）奥古斯丁

人性结构有三个层次：第一是带有动物性的本能；第二是生活工具的理智；第三是情感、意态，或叫理性。第三层是根本的，是最能体现人的特征的。

——梁漱溟

愤怒、暴躁，不仅伤人，而且伤己。一个人常以和气、悦己，是吉祥福分的征候；而常有乖戾之气，就会招致祸端。

——曾国藩

待人热诚，举止文雅，只要每天充满喜悦，苦恼就会消失得无影无踪。

——《佛经格言》

善良的行为，可使人的灵魂变得高尚。

——（法国）卢梭

仁之法在爱人，不在爱我（作为德行原则，仁是指爱别人，而不爱自己）。

——（西汉）董仲舒

编按：董仲舒，汉代著名思想家、哲学家、政治家、教育家，汉武帝征求治国方略，董仲舒在《举贤良对策》中提出“天人合一”，崇崇儒学等思想，为汉武帝所采纳，使儒学思想成为中国社会正统思想，影响长达2000多年。

灵魂最美的音乐，是慈悲。

——（法国）罗曼·罗兰

编按：罗曼·罗兰，法国著名小说家、剧作家、评论家，代表作长篇巨著《约翰·克利斯朵夫》，获诺贝尔文学奖。

施比受快乐，有福气的人，应用自己的多份福分分享他人。

——海涛法师

编按：海涛法师，中国台湾佛学大师，多年来致力于宣传佛法知识，他主张两岸统一，认为台湾佛教的根在大陆。

中国传统文化有三个字，即“正、清、和”。“正”，是儒家思想，就是讲做人要正心、修身，然后对家庭负责、对社会负责以平天下，其出发点是一个“正”字；“清”，是道家思想；“和”，是佛家思想。孔子尚正气、老子尚清气、释迦尚和气。此乃东方文化之道。

——文怀沙

编按：文怀沙，著名国学研究专家、红学家、书画家、中医学家，荣获“2015年中华文化人物”奖，代表作有《四部文明》等。

10. 知耻

耻之一字，乃人生第一要事。

——石金城《传家宝》

人不能把持自己，就会被欲望所淹没。

——（美国）爱因斯坦

行己有耻（用羞耻之心，来约束自己的行为）。

——《论语》

耻之于人大矣（羞耻对一个人来说，是件大事）。

——《论语》

人不可以无耻，无耻之耻，无耻也（人不可以没有耻辱感，不知羞耻的那种行为，才是真正的不知耻啊）。

——《孟子》

无羞耻之心，非人也（没有羞耻之心，简直就不是人）。

——《孟子》

人不尊己，则危辱及之矣（人如果不尊重自己，那么危险和耻辱就会降临到他身上）。

——《列子·说符》

人必其自爱也，而后人爱诸；人必其自敬也，而后人敬诸（人一定要自爱，然后才能被人所爱；人一定要自尊，然后才能被人尊敬）。

——杨雄《法言·君子》

人必自伤，然后人伤之（人一定是先有自取其辱的行为，然后别人才会侮辱他）。

——《孟子》

不廉，则无所不取；不耻，则无所不为（一个人不顾廉耻，会因贪得无厌，而什么坏事都做得出来）。

——欧阳修

士皆有耻，则国家永无耻矣（如果一个国家的士人都有羞耻心，那就永远不会有国耻了）。

——龚自珍

邪恶的欲望会诱出危险的行动，干出荒谬的事情来。

——（美国）马克·吐温

知足不辱，知止不殆，可以长久（一个人知道满足，就不会受到侮辱，知道适可而止，就不会遇到危险，这样就可以长久平安）。

——老子《道德经》

罪莫大于可欲，祸莫大于不知足，咎莫大于欲得，故知足之足，常足矣（人的罪恶没有比放纵私欲更大的，人的祸患没有比不知足更大的，人的恶源没有比贪欲更大的，所以知道满足，才是永恒的满足啊）。

——老子《道德经》

知耻近乎勇（知道什么是可耻的，那就是最勇敢的表现）。

——《中庸》

善恶随人作，福祸自己招（好事坏事都是自己做的，幸福灾祸也完全是自己的言行招来的）。

——《增广贤文》

人要有敬畏之心，要敬畏生命的神圣、敬畏制度的神圣、敬畏大自然的神圣。人有敬畏之心，才会小心谨慎，才不会胡来。

——金泽

世界再没有比灵魂更宝贵的东西，任何东西都不能与它相比。

——（英国）王尔德

亏心的事不能做，没有道理的锣不能敲。

——陈忠实

利令智昏（私利和权令，可以使人丧失正常的智慧）。

——《史记》

欲思其利，必虑其害（想要得到利益，必须先考虑到危险的因素）。

——诸葛亮

见得思义（看到自己获得的东西，就要想一想是否符合道义的标准）。

——《论语》

不义而富且贵，于我如浮云（不是正道得来的富贵和尊贵，对我来说，就像天上的浮云一样）。

——《论语》

知足而不贪，知节而不淫（知足的人，不会贪财，知道节俭的人，不会浪费挥霍）。

——（宋）林逋《省心录》

为善则流传百世，为恶则遗臭万年。

——（清）程先升

人做了恶事，死后也会遭人垂骂。

——（英国）莎士比亚

贪财是万恶之源。

——《圣经》

清心为治本，直道是谋身（心地清静，这是治心的根本；正道直行，这是立身的纲领）。

——（宋）包拯

善恶生于公私（做好事出于公心，干坏事出于私心）。

——（唐）独孤及《对诏策》

公私不可不明，法禁不可不审（公私分明不可以不清楚，法律禁令不可以不严明）。

——《韩非子·饰邪》

人没有敬畏，就没有廉耻之心。

——佚名

人身上有善也有恶，你要行善，就有善；你要作恶，就有恶，恶有恶报。

——（苏联）高尔基

天作孽，犹可违；自作孽，不可活。

——孟子

贪欲过多，就有损心性；忧思过重，就影响思维；恐惧太深，就减弱勇气。

——（宋）崔敦礼

以智侵愚，以强暴弱，民为质点，爱力全无，所谓自侮而后人侮，自伐而后人伐（自恃聪明而侵凌愚者，自恃强大而暴虐弱者，以民众为质点任意驱使，最终人心离散。这就是古人所说的人先自侮而后别人才侮辱他，人先自攻伐而后别人才攻伐他）。

——（清）严复

贤者能节之，不使过度；愚者纵之，多至失所（贤良的人，能够节制欲望，不过度放纵；而愚蠢的人，却放纵自己，以致失去存身之地）。

——（唐）《贞观政要》

欲不可纵，纵欲成灾。

——（明）万全

礼义廉耻，国之四维，四维不张，国乃灭亡。

——《管子》

知损彼之为己利，而不知彼此之两无所损而共利焉，然后为大利也（只知道损害别人而为自己求利，却不知道彼此两无所损而共同获利，这才是大利之所在）。

——（清）严复

我不知比良知更珍贵的是什么?

——（法国）毕加索

贪婪会使简单的心情变得复杂，无私的思考方试才能得到真正的友谊和成功。

——（日本）稻盛和夫

我们心中有两个“我”：一个是“本我”，永远无休止地贪婪、不满、苦恼、忧虑及受100种情绪所摆弄；一个是宇宙的自我，他高出一切，能自制自我完善，只有在这个宇宙的方向，他才能和无限合为一体。

——（印度）泰戈尔

编按：泰戈尔，印度著名诗人、文学家、哲学家，社会活动家，诺贝尔奖获得者，代表作品有《吉檀迦利》《戈拉》《文明的危机》等。

不要贪婪，人贪婪不仅伤害别人，最后也会伤害自己。

——（美国）奥格·曼狄诺

编按：奥格·曼狄诺，美国著名企业家、作家、成功学家、演说家，他的18部作品被译为18种语言，是世界上最具激励效应的畅销书作家，主要代表著作有《世界上最伟大的推销员》《世界上最伟大的成功》《使命：成功》《羊皮卷》等。

良知，就是知耻、知愧、知恩。

——星云大师

编按：星云大师，著名佛学大师，国际佛光会世界总会会长，先后创办50余所中华学校，16所佛教学院、9所美术馆、26所图书馆等。著作等身，对佛教制度化、现代化、国际化做出重要贡献。

人有耻，则能有所不为（一个人有耻辱心，就不会做那些不该做的事）。

——朱熹《朱子语类》

编按：朱熹，宋朝著名的心理学家、思想家、哲学家、教育家，儒学集大成者，世尊称为“朱子”。他著述甚多，其中《四书章句集注》成为教科书和科举考试的标准。

守身为大。

——董辅礽

编按：董辅礽，我国著名经济学家，中科院经济研究所名誉所长，是中国市场经济的先导者，有“董市场”之称。

11. 反省

思考人生，对任何人都是一件严肃而高尚的事情。

——（德国）莱布尼茨

能了解自己的人，是英雄。只有客观地认识自己，才能正确对待自己，才能自爱、自悟、自治，方能显出英雄本色。

——凡夫子

能解剖自己的人，是勇士。自我解剖，除去毒瘤，卸掉身上的包袱，才能轻装前进，是超越自我的大智大勇的行为。

——凡夫子

人有太多的小毛病，可能让人平庸一辈子。

——佚名

改身之过，迁身之善，谓之修身（改掉身上的过错，发扬身上的善良品质，这就是修身）。

——颜元《颜习斋先生言行录》

吾日三省吾身，为人谋而不思乎？与朋友交而不信乎？传而不习乎？（我每天都多次反省自己：为别人做事是否尽心尽力？与朋友交往是否诚实？老师传授知识是否都温习啦？）

——《论语》

人谁无过？过而能改，善莫大焉（谁能不犯错误？犯了错误能认真改正，仍是最好的人）。

——《左传》

与人不求备，捡身若不及（对别人要宽容，不求全责后；对自己要严格要求，唯恐什么地方做得不好）。

——《尚书》

不学会评价自己，就不能评价他人。

——（德国）歌德

败莫大于不自知（人失败在于没有自知之明）。

——《吕氏春秋·自知》

改变别人很难，但是你可以下决心改变自己。

——杜云生

人生成就是随着人的改变而来的，改变有没有可能就看自己的决心是否够大。

——赵中川

知人者智，自知者明（能够了解别人是有智慧的人，而能够了解自己才算更高明的人）。

——老子《道德经》

真正让人信任，可以托付重任的人，都是那些努力自我教育的人。

——（日本）土光敏夫

别人的过错容易发现，自己的过错不易察觉。

——《佛经格言》

智短于自知，故以道正己（光用自己的智慧还不能知道自己的行为是否恰当，所以要用道理和智慧来订正自己的行为）。

——《韩非子·观行》

君子修德以俟时，不俟时而修德（君子要时时修养品德以等待时机，而不能等时机来了再修养品德）。

——《叔苴子·内篇》

日省其身，有则改之，无则加勉（每天都要自我检查，有缺点就改，没有缺点就勉励自己）。

——（宋）朱熹

祸难生于邪心，邪心诱于可欲（灾害产生于邪恶的思想，而邪恶思想诱发人的贪欲）。

——《韩非子·解老》

过而不能知，是不智也；知而不能改，是不勇也（有了错误而不知道有错，是不明智的表现；知道了自己的错误而不改正，是缺乏勇气的表现）。

——李觏《易论第九》

不贵于无过，而贵于能改过（一个人的可贵之处，不在于他没有过错，而在于他能改过）。

——（明）王守仁《改过》

只有反省内心，才能使人获得对精神世界的洞察，同时也会随之赋予人的生命创造性。这样，我们的生活世界也会随之发生变化。

——（印度）克里希那穆提

静坐常思己过，闲谈莫论人非（一个人独自静坐时，要经常反省自己的过错；私人聊天时，不要说人闲话）。

——《格言联璧》

有意义的人生在于时时审视自己，人在内省中才会发现什么是最珍贵的东西。所以，没有经过自省检讨的人生，是没有价值的。

——（美国）赫拉·哈莱德

人生要顺利成长，必须留一只眼睛看自己，否则心灵受了蒙蔽必然要走弯路。凡成功者，都是看自己的高手。

——晓力

人生成长重在改变，而改变的第一步是认识到自己问题的存在。

——（美国）路易斯·海

知过非难，改过为难；言善非难，行善为难（知道自己过错并不难，改正过错才是最难的；说好话并不难，做好事才是最难的）。

——《资治通鉴》

君子博学日参省乎己，则知明而行无过矣（君子广博地学习，坚持每日多次反省自己，就会智慧清明，行动没有过失）。

——荀子

欲战胜别人，先战胜自己。古今中外，凡成就一重事业者无不以战胜自己为第一要务。

——曾国藩

臣闻观于明镜，则疵瑕不滞于躯；听于直言，则过行不累乎身（经常对照镜子检查自己，就会及时克服缺点；能听取直率的批评，就可及时改正错误）。

——（东汉）王粲《仿连珠》

自知之明，是一个人对自己的客观评价。一个人没有自知之明，往往会过高或过低评估自己的实力，产生自负或自卑的心理。要恪守人生的一个重要原则，即人贵有自知之明。

——（法国）安格尔

一旦你开始认识自己，你得到的认识会越来越多，越来越清晰，随着对自己认识的深入，我们的内心也会越来越安宁。

——（印度）克里希那穆提

自省者自强，自律者自尊。

——星云大师

反省是一面镜子，它将我们的错误清楚地照出来，使我们有改正的机会。丢掉了这面镜子，浑身污垢的你就丧失了清洁自身的参照。

——（美国）埃得·平斯

人不反省，则一如禽兽。

——（古希腊）苏格拉底

没有哪一个真正了解自己的人变成了坏人，也没有哪一个错误估计了自己的人变成了好人。这是万古不变、千真万确的真理。

——（英国）斯威夫特

没有精神的苏醒，心理的转变是不可能的，一个人在改变他的思维模式之前，他首先必须改变对自己的看法。

——（美国）安德森

正视自己的错误。犯了错误不知悔改的人，必定一错再错，最后吃尽苦头，失去他人的信任。

——（英国）卡莱尔

一个人的成功或失败，都是由内而外的，即想成为什么样的人，要做什么？最后拥有什么？这是人生发展的基本规律。上帝不偏袒任何人，一个人的成功或失败，都有其自然规律和个人的应用之道。

——晓力

故知之难，不在见人，在自见。故曰："自见之谓明。"（人的明智，难的不在于看清楚别人，而在于看清楚自己，所以说：能够看清自己就算明智了）

——《韩非子·喻者》

苦难考验人，成功也考验人。我虽然取得了很大成功，但我仍不断学习，不断反省自己，保持谦虚谨慎的作风，这是我成功的根本原因所在。

——（日本）稻盛和夫

君子以反身修德（君子遇到困难，应反过来追问自己，发生困难的原因是什么，并且从提升品格着手，战胜自己，去克服困难）。

——《易经》

不断自我反省，不贪财，不失信，不自是，有此三省，自然受人敬重。

——曾国藩

以铜为镜，可以正衣冠；以古为镜，可以知兴替；以人为镜，可以明得失（以铜镜作镜子，可以整理衣服；以历史作镜子，可以了解朝代兴衰的规律；以人作镜子，可以知道自己的得失）。

——李世民《隋唐嘉记卷上》

为了爱美，人们进行面部整容；但是，为了成功、幸福，人是需要进行心灵整容的。

——（美国）麦克斯威尔·马尔茨

反省，是最好的品质。任何改过，都是进步。

——（法国）卢梭

编按：卢梭，法国思想家、哲学家、教育家，代表著作有《论科学与艺术是否会破坏或增进道德》《民约论》《忏悔录》等。

认识自己，方能认识人生。人贵有自知之明，缺乏自知之明的人，不仅认不清自己，也看不清别人。

——（古希腊）苏格拉底

编按：苏格拉底，古希腊思想家、哲学家，他的哲学思想在西方哲学史上有一定的地位，是西方哲学的奠基者。他与柏拉图、亚里士多德并称“希腊三贤”。

人类，是通过改变自己心灵的内在，才能改变生命的外在。

——（美国）威廉·詹姆士

编按：威廉·詹姆士，美国著名心理学家、哲学家、教育家、美国心理学家之父，美国心理学会主席，代表著作有《心理学原理》《真理的意义》等。

大多数人都想改变这个世界，但却很少想到改变自己。

——（俄国）列夫·托尔斯泰

编按：列夫·托尔斯泰，俄国著名作家，被公认为世界上最杰出的文豪之一，代表作品有《战争与和平》《复活》《安娜·卡列尼娜》等。

环境不易改变，不如我们改变自己。

——（美国）梭罗

编按：梭罗，美国著名散文作家，在美国文学史上占有重要地位，代表作有《瓦尔登湖》（又译为《湖滨散记》）和《公民不服从》（又译为《消极抵抗》《论公民抗命》）。

12. 节俭

简朴的生活，高贵的灵魂，是人生的至高境界。

——杨绛

简朴的生活，无论对身体还是对精神，都是有善的。

——（美国）爱因斯坦

俭，德之共也；侈，恶之大也（节俭，是善行中的大德，是公认的美德；而奢侈，是邪恶中的大恶）。

——《左传》

俭节则昌，淫佚则亡（节俭就会昌盛，淫佚享乐就会败亡）。

——《墨子·辞过》

君子以俭德辟难（君子用俭朴的德行，来避免危难）。

——《易经》

人们对节俭的态度分为三种：（1）“甘节”，即甘于节俭，乐于节俭；（2）“安节”，即安于节俭，不追求奢侈豪华；（3）“苦节”，即把节俭当成苦事。三种态度造成三种结果：“甘节，吉”，甘于节俭，前途美好；“安节，亨”，安于节俭，做事通达顺利；“苦节，贞凶”，即苦于节俭，人生命运是不幸的。

——《易经》

奢者富不足，何如俭者贫而有余（生活奢侈的人，即使有再多的财产也不会感到满足，哪里比得上那些虽贫困却因节俭而富余的人呢）？

——《菜根谭》

智慧的人会用科学的头脑，斟酌一切花费，使其恰到好处。

——（古希腊）亚里士多德

节俭是一种品德。节俭，会让一个人更懂得珍惜的意义，懂得生命的可贵。

——（法国）卢梭

俭则约，约则百善俱兴；侈则肆，肆则百恶俱纵（节俭就会有节制，有节制则百善都会兴起；奢侈就会放肆，放肆则百恶都会爆发）。

——（清）金缨《格言联壁》

奢靡之始，危亡之渐（奢侈糜烂的开始，就是人生危亡的征兆）。

——（北宋）欧阳修

历览前贤国与家，成由勤俭破由奢（遍观历代前贤治国治家的经验教训，成功多是勤俭，衰败常因奢侈）。

——（唐）李商隐

由俭入奢易，由奢入俭难。

——司马光《训俭示康》

成功最重要的是节俭，成功者大都有节俭的习惯。

——（德国）马克思

取之有度，用之有节，则常足。

——《资治通鉴》

节俭朴素，人之美德。

——程颐

奢侈之费，甚于天灾。

——《晋书》

俭则人不烦。

——《南史》

唯俭可以助廉，唯恕可以成德。

——《宋史·范纯仁列传》

人应该把财产分为四份：一份供日常使用；两份作为储蓄或施舍之用；另一份预作紧急备用。

——《佛陀格言》

过度消费，对一个国家而言是损耗国力，对一个人而言可能是败家亡业。

——喜子

不会存钱的人，成功的种子绝对不在他身上。

——杜云生

养成存钱的习惯，存钱给人踏实感，存钱给人以希望，存钱给人以幸福。

——田野

节俭是一种品格，更是一种能力。

——（美国）尼克森

节俭是一种习惯，懂得节俭的人，才有剩余财物，剩余财物给你指挥的权力，使你成为一个充满自足的人，因此，养成节俭的习惯吧，越早越好。

——（美国）阿尔伯特·哈伯德

一个人不懂得节俭，那你就不会有剩余财物，如果没有剩余财物，那么你就是一个机会的玩物、环境的人质、他人的奴隶、风中的飘叶。

——（美国）阿尔伯物·哈伯德

人不是因收入而富有，而是因储蓄而富有，不会储蓄，就永远不可能致富。

——（美国）博多·费舍尔

有福不可享尽，有势不可使尽。

——曾国藩

过分节俭不可取，有些人为节省小钱却牺牲了健康；有些人与朋友交往，不愿请朋友吃饭等，给人一种过分吝啬的感觉。

——（美国）奥里森·马登

成功人士有两个重要品质，即勤奋与节俭，二者缺一不可。

——（美国）劳伦斯·洛克菲勒

编按：洛克菲勒家族是美国最大的财团，财团下控制：美国标准石油公司、大通银行、芝加哥大学、洛克菲勒基金会等众多行业，至今已延续了六代，洛克菲勒财团150多年的发展史就是美国发展史的一个缩影。

静以修身，俭以养德。非淡泊无以明志，非宁静无以致远。

——诸葛亮《诫子书》

编按：诸葛亮，三国时期政治家、军事家，刘备“三顾茅庐”后，他辅佐刘备建立蜀汉。曾六出祁连山攻魏，争夺中原。其代表作为《出师表》等。

我的生活水平，跟我1957年事业刚上轨道时相差不远，甚至更加朴素。无论是从前还是现在，我都喜欢简单的生活，对物质要求不高，反而着重内心的平静，希望多做些有益的事情。

——李嘉诚

编按：李嘉诚，中国香港著名企业家，香港首富，其资产达400多亿美元。

第三篇　圆满报身

——圆满和谐才能拥有宁静的心灵

当今社会，物质文明高度发达，但人们在享受物质文明的同时，依然烦恼重重、痛苦不堪。这是物质需求与精神需求的严重失衡。人生成功、幸福与快乐，在于内在平衡、外在和谐。人生成功、人生财富，绝非就是金钱，而是“四康一满”，即：身体健康、心理健康、人际健康、经济健康、心灵圆满。人生需要拥有财富的幸福与快乐，而不是拥有财富的恐惧、紧张、疾病、哀愁。也就是说，我们在拥有金钱的同时，要拥有宁静的心灵。心中宁静是肉体的生命，心中清静是人生的幸福。这样，我们才会心安，才能保持内心的和谐与宁静，享受真正的幸福与快乐。圆满和谐，是人生成功之果。

13. 果行

圆满报身，汝之智也（以圆满来规划人生，是人生的大智慧）。

——《坛经》

一棵树怎么样，要看它的果实；一个人怎么样，要看他的贡献。

——（苏联）格里戈里·麦登斯基

名必有实，事必有功（名声必须有事实与之相配，做事必须有结果来证实）。

——荀悦《申鉴·俗嫌》

君子以果行育德（“果行”，就是行为要有好的结果，做出成果来实现梦想目标，这是人生价值的唯一体现）。

——《易经》

踏实做事，做出成绩，才能证明自己的实力。

——（清）李惺

事莫明于有效（做一件事情最好的证明，就是看其是否有效果）。

——王充《论衡》

一个人的价值，主要看他贡献了什么，而不是取得了什么。

——（美国）爱因斯坦

生命多少用时间计算，生命的价值用贡献计算。

——（匈牙利）裴多菲

业绩造就伟人。

——（法国）拿破仑

企业要贯彻一种精神，即成就至上。组织的重点，必须放在成就上，对于一个团队和个人来说，组织精神的第一要求就是把成就作为高标准。

——（美国）杜拉克

成功包含两方面的含义：一是外在——社会承认一个人的价值，赋予相应的报酬；二是内在——个人承认自己的价值，从中获得自信和满足感。成功无法用财富来衡量，有钱并不等于内心的快乐。

——（美国）阿尔伯特·哈伯德

成功的尺度不是做了多少工作，而是获得多少成果。

——佚名

结果是硬道理，以结果论英雄，证明自己的最好方法是拿出成果来，没有人可替你劳而无获的行为买单。请记住：成功的尺度，不是你说了什么，做了什么，而是做出多少成果，做出足够的成果来实现梦想目标，这是衡量人生成就大小的唯一标准。

——晓力

要成为赢家，就要把生命投资在一个有价值、值得追求的目标上。

——尚文

生命的意义，在于展现价值。

——（德国）博多·雷佛

我们应该努力奋斗，有所作为。这样，我们就可以说，我们没有虚度年华，并有可能在时间的沙滩上留下我们的足迹。

——（法国）拿破仑

人生如同一个剧本，重要的不是长度，而是演出的是否精彩。

——（古罗马）塞涅卡

山不在高，有仙则名；水不在深，有龙则灵。

——（唐）刘禹锡

路漫漫其修远兮，吾将上下而求索。

——屈原《离骚》

一个人要想成功，需要具备“五个必须”，其他一切都是由此开始的：
（1）必须认识自己；
（2）必须知道自己想要什么；
（3）必须有一个宏伟的计划；
（4）必须认同自己的计划；
（5）必须以可行步骤实现上述计划。

——（奥地利）约瑟夫·基尔什纳

唯君子为能通天下之志（君子应坚持正道，有所作为，才能有沟通天下的意志，促成世界大同）。

——《易经》

生活要变得最好，你自己必须变得最好；只要你是最好的，最好的事物才会属于你。

——杜云生

财富实际上有两种：一是有形的物质财富；二是无形的精神财富。人们最容易忽略的不是前者，而是后者。

——郑晓江

行正道而致富者，必然是福德双至。

——佚名

一生只做两件事：做正确的事和正确做事。

——（美国）德鲁克

行到有功，方为德。

——南怀瑾

编按：南怀瑾，著名国学大师，对中国传统文化有较深的研究，代表著作有《论语别裁》《孟子旁通》《老子他说》《易经杂说》《中国佛教发展史略》《中国道教发展史略》等。

巨人集团只认功劳，不认苦劳。巨人第一线的销售人员，如果做得不好连300元的底薪也难保；如果做好了，可以拿到相当高的销售提成。

——史玉柱

编按：史玉柱，巨人集团创始人，现任巨人集团董事长，涉及网络、银行等行业。

人的生命价值，有物质价值、精神价值和社会价值，每一种价值都是生命意义的体现，无论哪一种价值，它的存在对人类社会都是有意义和贡献的。

——（德国）尼采

编按：尼采，德国著名哲学家，代表著作有《悲剧之起源》《善恶之彼岸》《道德体系论》《权力意志论》等，在西方哲学史上有很大影响。

一个人的才华和智慧，必须产生有益的结果。

——（英国）莎士比亚

编按：莎士比亚，英国著名戏剧家、诗人，代表著作有《罗密欧与朱丽叶》《威尼斯商人》《哈姆雷特》《奥赛罗》《李尔王》等，流传剧本达37部，对欧洲和世界文学戏剧发展有重大影响。

人生的最高境界，就是有所作为。

——（德国）马克思

编按：马克思，德国哲学家、思想家、马克思主义学说创始人，为全世界无产阶级革命做出了伟大的贡献，代表著作有《共产党宣言》《资本论》等。

14. 财富

时间和金钱，对于每个人都很重要。然而，只有智者才知道如何安排它们。

——（美国）安东尼·罗宾

财商可助你拥有财富，但财商不是指财产，它是一种能力，这种能力可以给你带来高质量的生活，财商还可以是一种品质，这种高尚的品质和创富能力可以使你拥有完美幸福的人生。

——（美国）罗伯特·琦清

物质上无止境地追求，其结果是对个人价值无止境地否定。

——（法国）罗曼·罗兰

牺牲家庭、名誉和健康，不惜一切代价去追求金钱，不论积累多少财富，都是人生的失败者。

——（美国）奥里森·马登

有德而富贵者，乘富贵之势以利人；无德而富贵者，乘富贵之势以残身。

——（宋朝）胡宏

金钱不是做奴隶，就是做主人，二者必一，别无其他。

——（古罗马）贺拉斯

既会花钱又会嫌钱的人是幸福的，因为他享受两种快乐。

——（美国）塞·约翰逊

财富并不是永久的朋友，它会随时变换主人。

——（俄国）列夫·拉尔斯泰

财富不但可以改变人的个性，还可以让人露出本性。

——佚名

金钱买不到灵魂所需要的东西。

——（美国）梭罗

使人幸福的是德行，而非金钱。

——（德国）贝多芬

“富”与“贵”不是一回事，“富”是物质，“贵”是精神，“贵”，是人格的尊严，人性的良知。

——摘自凤凰网《贵族精神与中华之明》

贵族精神中有三种高尚的内涵：一是诚信，二是道义，三是使命感。我们现在大部分中国人所理解的贵族生活就是住别墅、买宾利车、打高尔夫球，就是挥金如土、花天酒地。实际上，这不是贵族精神，这是暴发户精神。

——摘自凤凰网《贵族精神与中华文明》

一个人过分追求金钱，到头来你会发现你是一个乞丐，什么都没有，追求财富走向极端，会成为世界上最不幸的人。

——（印度）奥修

人生的12种财富：（1）积极进取的人生态度；（2）有强健的体魄；

（3）有大无畏的精神；（4）对未来成就充满希望；（5）享有良好的人际关系；（6）有信心和懂得运用这种信心；（7）愿意与人分享自己的成就；（8）愿意以博爱的精神工作；（9）胸怀阔大，能容人容物；（10）有良好的自律性；（11）有了解他人的智慧，与人合作的气度；（12）享有充裕的经济生活。

——（美国）拿破仑·希尔

中国财富精英看重的十大财富品质：（1）诚信；（2）把握机遇；（3）创新；（4）务实；（5）终身学习；（6）勤奋；（7）领导才能；（8）执着；（9）直觉；（10）冒险。

——《福布斯·中国百富榜创始人胡润》

切记：拥有金钱，要善加支配，切勿因金钱而丧失人格。

——（美国）拿破仑·希尔

我很珍惜每一分钱，我从来都是这样的，一个人只有用好他的每一分钱，他才能做到事业有成，生活幸福。

——（美国）比尔·盖茨

财也大，产也大，后来儿孙祸也大。借问此理是若何？子孙钱多胆也大，天样大事都不怕，不丧家身不肯罢。财也少，产也少，后来儿孙祸也少，若问此理是若何？子孙钱少胆也小，些微产业知自保，俭使俭用也过了。

——（清）醇清王治家格言

财富多而不知自爱，必祸及子孙。

——曾国藩

我们要控制自己的欲望，使我们对外物的追求有明确的目的，有一定范围，有一定的度。这样，才能做物的主人，而非物的奴仆。

——郑晓江

人必须通过财富和安逸的考验，始知其自身的坚强。

——（希腊）古塞

我们努力赚钱，我们要的是金钱的成功，而不是恐惧、紧张、疾病和哀愁。也就是说，我们在拥有金钱的同时，要有宁静的心灵。只有如此，我们的生命才是健康的。

——（美国）拿破仑·希尔

财富是一种很差的衡量幸福的标准。人们并没有随着财富的增加而变得幸福；相反，随着财富的增加而变得更加苦恼。这是因为幸福不是一种物质，而是一种心理状态，一种情感体验。

——（美国）戴维·迈尔斯

中国有句成语叫“欲壑难填”，现实生活中不少人见利忘义，不择手段地追求金钱、权势、美色，但结果不仅得不到幸福，反而陷入痛苦的深渊。

——晓力

金钱一半是天使，一半是魔鬼，取之有道时，落入你的口袋是金钱，是天使；取之无道时，落入你的口袋，是魔鬼。

——佚名

贫困不单是金钱和物质的缺乏，最主要的是精神、信心、勇气、热情、意志和知识的缺乏。贫困不仅是口袋空空，而是脑袋空空。

——（美国）柯约瑟

人的一生有两大目的：第一是得到你想要的东西；第二是享有你得到的东西，只有最聪明的人，才能实现第二个目的。

——（美国）洛根

所有财富，都来自爱的耕耘。

——（英国）亚当·斯密

编按：亚当·斯密，英国著名政治经济学家，主张经济自由，反对国家干预经济，对西方市场经济理论的形成有重要影响。代表作是《国民财富性质和原因的研究》（简称《国富论》）。

金钱可以支撑生命，但是如果仅靠金钱支撑，一旦失去金钱，这生命便会如同抽去了脊梁般坍塌下来。

——沈从文

编按：沈从文，著名作家，一生创作丰富，结集约80多部，代表作有《边城》《八骏图》《月下小景》《湘行散记》等。

理想的生活，不仅要得到物质需求的满足，还要在精神志趣的满足上得到再现。

——（德国）黑格尔

编按：黑格尔，德国著名哲学家，代表作有《精神现象学》《哲学科学全书纲要》《逻辑学》等。

财富掌握在意志薄弱、缺乏自制、缺乏理性的人手中，就会成为一种诱惑和陷阱。

——（英国）塞缪尔·斯迈尔斯

编按：塞缪尔·斯迈尔斯，英国道德学家、社会改革学家，代表作有《书友》《自己拯救自己》等。

把金钱视为生命目标的人，往往因为过分追求物质拥有而忽视了生命中最重要的事情——爱情、友情、劳动、快乐。这些常常被视为金钱服务，这样就违背了拥有金钱的意义。

——（德国）齐美尔

编按：齐美尔，德国社会学家、哲学家、大学教授，代表作有《历史哲学问题》《道德科学引论：伦理学基本概念》等。

15. 交往

友谊和事业，代表着人生的两大乐趣。

——（法国）罗曼·罗兰

圆满人生不仅限于个人的独立，还须追求人际关系的和谐。

——（德国）安妮·罗宾

一个人的成功，只有15%是由于他的专业技术，而其他85%则要靠他的人际关系和做人处事的能力。

——（德国）拿破仑·希尔

追随精英与成功者同行，与可师者为友。

——（美国）弗兰克·贝特格

你交往什么人，我就可以说出你是一个什么样的人。

——（德国）歌德

和贪得无厌的人为伍一天，贪婪就会紧跟着你；和骄傲自大的狂人交往，自大便如影随形；和残忍凶恶的人同住一个屋檐下，就摆脱不了残酷的阴影；和通奸者称兄道弟，就会饱受情欲煎熬。如果想摆脱罪恶，请远离恶徒。

——（古罗马）塞涅卡

人生总有几次关键转折，需要“贵人”相助。

——杨沛霆

成功的主要途径是交朋友。

——李嘉诚

天时不如地利，地利不如人和。

——《孟子·公孙丑下》

君子和而不流（君子对待别人宽和但又不盲从）。

——《礼记·中庸》

君子以远小人，不恶而严（君子应远离小人，但不是憎恶小人，而是严于律己，以使小人不能接近）。

——《易经》

君子有解，小人退也（君子应与君子交往，远离小人，结果才会吉祥；君子是能切断不良的交往，应以小人是否退去来验证）。

——《易经》

你尊重别人，别人尊重你，这是人与人之间的公平交易。

——（印度）泰戈尔

友好地对待一路上的人吧，因为当你需要走回头路时，依然会遇到他的。

——（美国）威尔逊·迈兹纳

广结善缘，必有收获。关键是你有没有一个人际关系网，要诀在于一个“和”字。和，可以友好相处；和，可以财源广进；和，可以使天下人为你所用。

——李嘉诚

赚钱的买卖不一定是成功的买卖，而成功的买卖是双方都满意的买卖。我喜欢友善交易，这是我的哲学。

——李嘉诚

在人与人的关系中，在人与人的感情中，常常细节意味着一切，细节给人的印象更深刻。

——（美国）科维

为人为善，是不树敌的第一妙着；取人为善，是完善自我的良好药方。

——曾国藩

对上级谦恭是本分，对平级谦恭是和善，对下级谦恭是高尚，对所有人谦恭是安全。

——（古希腊）亚里士多德

用人不刻，交友不滥。

——（明）洪应明《菜根谭》

交上坏朋友，是难以得到世人敬重的。

——（俄国）克雷洛夫

四种人是真正的朋友：第一是帮助和支持你的人；第二是与你同甘共苦的人;第三是能使你得到益处的人；第四是具有爱心的人。

——《佛经格言》

希望变成什么样的人，就要和什么样的人在一起。

——杜云生

朋友的影响要比老师还大，朋友分为四类，即：益友、畏友、密友、损友。要多交益友，不交损友。

——（清）冯班

人生不仅是近朱者赤，近墨者黑，而且是近大者大，近小者小；近善者善，近恶者恶。

——晓力

物以类聚，人以群分（比喻，好人与好人结群，坏人与坏人彼此勾结）。

——《易经》

成功离不开他人的支持，你必须优化你的人际关系环境。物以类聚，要想获得成功，就要和积极向上的人交朋友。

——任柏良

榜样不仅是影响他人的主要因素，而且是唯一因素。

——（美国）约翰·麦克斯韦尔

模仿是最常用最有效的学习方法。

——曾国藩

与智慧同行的，必得智慧。

——《圣经》

以势交者，势倾则绝；以利交者，利穷则散（以权势交友的，权势失去了，交情也随之断绝；以利益交友的，利益穷尽了，交情也随之结束）。

——（明）云通《中说·礼乐篇》

你想让别人怎样对待你，你就怎样对待别人。这是人际交往的“黄金法则”。

——（美国）罗斯特

友谊是灵魂的结合。

——（英国）莎士比亚

交朋友，最主要的不是技巧，而是品格。

——晓力

天下皆知取之为取，而莫知与之为取（人们都知道只有获取别人的东西才为收获，却不知道给予别人也是一种收获）。

——《后尚书》

我们因获得而生存，我们因给予而生活。

——（英国）丘吉尔

一个真正成功的人，一定是一个懂得服务他人的人。

——（美国）舒尔茨

人好刚，以我柔胜之；人用术，我以诚感之；人使气，我以理屈之（别人好强，我则以柔克刚；别人用心术，我用诚恳感染他；别人动怒气，我用道理折服他）。

——《格言联璧》

精心编织关系网。对师长交往贯穿一个“敬”字；对幕僚贯穿一个“谨”字，对同辈贯穿一个“亲”字。我官居高位，内因在于学有专长，为士林所嘉许；外因有人帮忙，“朝中有人好做官”。

——曾国藩

最好的介绍就是一个人的自我形象，有经验的人能通过你的外表一眼就能掂量出你的分量。

——老胡

对上以敬，对下以慈，对人以和，对事以真。

——释维觉法师

成功的第一要素，是懂得如何搞好人际关系。

——（美国）罗斯福

编按：罗斯福，美国前总统，政治家、战略家，他和丘吉尔、斯大林举行雅尔塔会谈，为最后战胜德日意法西斯做出了贡献。著有《向前看》《论我所走的道路》等。

关系即财富。

——胡雪岩

编按：胡雪岩，中国近代红顶商人，晚清著名徽商。胡雪岩得到左宗棠的赏识，以钱庄、当铺为依据，逐步发迹起来。

如果说成功有什么秘密的话，那就是要了解别人的立场，除了站在自己的角度来考虑，同时也要从别人的角度来考虑问题。

——（美国）戴尔·卡耐基

编按：卡耐基，美国著名成功学家，他的成功学包括演讲术、推销术、处世为人术、智力开发术等，代表作有《人性的光辉》《美好的人生》《人性的优点》《人性的弱点》等。

好占便宜者，不要与之交财；多狐疑者，不可与之谋事。

——左宗棠

编按：左宗棠，清朝大臣，著名湘军将领，与曾国藩、李鸿章、张之洞并称为晚清“四大名臣”。

人生最美的补偿之一，就是你在真诚地帮助别人之后，同时也帮助了自己。

——（美国）爱默生

编按：爱默生，美国著名散文作家、思想家、诗人。代表作有《论自由》《论美国学者》《散文集》等。

16. 宽容

世界上最宽阔的是海洋，比海洋更宽阔的是天空，比天空还要宽阔的是人的心灵。

——（法国）雨果

做人，首先要宽容待人。

——蔡元培

得饶人处且饶人。

——曹雪芹

宽则得众。

——《论语》

君子不可苛察。

——《庄子》

记人之长，忘人之短。

——张九龄

大丈夫当容人，勿为人所容（大丈夫待人应宽宏大量，但对自己要严格要求，不该轻易让别人宽恕）。

——张伯清《续近思录》

只有善解人意，才能善待他人；只有战胜自己，才能征服别人。

——凡夫子

当你宽容了别人时，你就不会感到自己与别人站在敌对的位置上。

——（法国）罗曼·罗兰

人们最容易犯的错误，是对自己过于宽容，而对他人过于苛刻。如果能反过来，生活的空间会大大开阔。

——孟子

我们必须学会宽恕，宽恕了别人，也宽恕了自己。

——（美国）布雷多克

被恨的人没有痛苦，恨人的人却遍体鳞伤。所以，不要记恨他人。

——佚名

过分挑剔是人际关系的腐蚀剂，因为没有人会按你的需要成长。

——老胡

懂得宽容人，怀揣着更加远大的抱负，思想容纳了不同的见解，视野更加开阔，你必定是一个幸福快乐的人。

——（法国）雨果

宽容的内涵非常丰富。宽容，是一种非凡的气度，宽广的胸怀，是对他人的包容；宽容，是一种高贵的品质、崇高的境界，是精神的成熟、心灵的丰盈；宽容，是一种仁爱的艺术，是一种生活的智慧。

——苏隶东

宽容别人，其实就是放下，和这个世界和解。宽容就是站在对方的角度想问题，关注对方的感受，一个不肯宽容他人的人，最后是苦了他自己。

——苏隶东

不会宽容别人，是不配受到别人宽容的。

——（俄国）屠格涅夫

水至清则无鱼，人至察则无徒。

——《后汉书》

宽容是一种高尚的品质，一种崇高的美德。

——（英国）狄更斯

宽容他人是最好的养生之道。

——（俄国）列夫·托尔斯泰

惟宽可以容人，惟厚可以载物。

——薛瑄

有容德乃大。

——《圣经》

宽容别人，也是宽容自己；仇恨别人，也是仇恨自己。

——张奉尘

宽容无法改变过去，却能改变未来，宽容，让未来变得更开阔。

——星云大师

君子贤而能容罢，知而能容愚，博而能容浅，粹而能容杂（君子贤能而能容纳无能的人，聪明而能容纳愚昧的人，知识渊博而能容纳孤陋寡闻的人，道德纯法而能容纳品德浅薄的人）。

——《荀子·非相》

宽容，对人生而言，是一种更广阔的生命空间。当你学会宽容，你就真正地领悟了生命的内涵。世界本身就是由多种矛盾组成的，任何人或事都不可能尽善尽美，学会用宽容的心态看世界，事业、家庭和友谊才能稳固而长久。

——苏隶东

宽容是人生的必需选择，一个人只有学会了宽容，他才有足够的心力走好人生之路。宽容是一种品质、一种能力，需要磨砺。

——苏隶东

不蔽人之善，不言人之恶（不掩盖别人的长处，不议论别人的短处）。

——《战国策·魏策》

海纳百川，有容乃大。

——林则徐

编按：林则徐，清朝政治家、文学家，1838年授钦差大臣，赴广东查禁鸦片，销毁鸦片二百三十七万余斤。鸦片战争爆发后，充军新疆，在新疆兴办水利，开垦农田，后被重新起用，被传颂“出淤泥而不染”。

一个人如果宽容了别人，那他自己也会变得非常坚强。

——（法国）小仲马

编按：小仲马，法国著名戏剧家、小说家。代表作《茶花女》，是最早被介绍到我国的西方文学名著之一。他的父亲大仲马，也是著名的戏剧家、小说家。“大小仲马”构成了法国文学史至世界文学史上罕见的“父子双璧”的奇观。

学会宽容，人与人之间的友谊小船会航行得更远，会看到更多的风景，虽然整个社会是建立在互不相让的基础上，但是人与人之间的良好关系却是建立在宽容互谅的基础上。

——（爱尔兰）萧伯纳

编按：萧伯纳，爱尔兰剧作家，曾荣获诺贝尔文学奖，代表作有《华佗夫人的职业》《伤心之家》《圣女贞德》等。

不懂得宽容的人，拆掉了他自己也得通过的桥梁，因为每个人都需要获得宽容。

——（英国）乔治·赫伯特

编按：乔治·赫伯特，英国诗人、演说家，英国剑桥大学教授。

17. 健康

健康是人生第一财富。

——（美国）爱默生

健康的人不知道健康的珍贵，只有病人才知道。这是医生的格言。

——（英国）卡莱尔

有两种东西丧失后才会发现它的价值——青春和健康。

——阿拉伯格言

健康的乞丐比病笃的国王更幸福。

——（德国）叔本华

人衰老的第一原因是精神的，而不是自然的。

——郑晓江

一切成就，一切财富，都始于健康的身心。

——（德国）拿破仑·希尔

健康是身体和心灵的健康。二者缺一不可。

——（德国）尼采

内在的信念是健康的保证。大部分疾病的痊愈都是信念发挥作用，它让精神振作，加快血液流动，而精神则不受打扰地扮演它们的角色。

——（美国）查尔斯·哈奈尔

贪欲、憎恨和无知，是疾病的三大要素。

——《佛陀格言》

精神上的毛病，比肉体上的毛病更危险。

——（西班牙）塞斯罗

心安病自除。

——（宋）陆九渊

名与身孰亲？身与货孰多？得与失孰病？（大意是，名誉和生命比起来，哪个更可爱？生命和财货比起来，哪个更珍贵，得到名誉和丧失生命，哪个更有害？这些都是很明显的）

——老子《道德经》

人之身如国，神如君，君良则国治；气如民，民聚则国强；精如财，精蓄则国富。

——（清）徐文弼

精、气、神，养生家谓之三宝。

——（清）汪绮石

得神者昌，失神者亡。

——《黄帝内经》

人之神，入则藏于心，出则见于目。故心安则神安，目动则心动，心动则神动。

——（宋）曾慥

百病起于情，情轻病也轻。

——（宋）邵雍《百病吟》

饥饱之度，不得过分，七分足矣。

——（清）李渔

五谷为养，五果为助，五畜为益，五菜为充，气味合而服之，以补精益气。

——《黄帝内经》

大德必得其位，必得其禄，必得其名，必得其寿。

——《礼记·中庸》

善德尤养生之第一要也。

——（明）吕坤

慈、俭、和、静四字，可以延年。

——（清）袁子昌

读书可以增长道心，为颐养第一事也。

——（清）张英

少欲则易足，易足则身心安乐。

——（清）冯班

养生难在去欲。

——（宋）苏轼

经络者，决生死，处百病，调虚实，不可不通。

——《黄帝内经》

人大怒破阴，大喜坠阳，大忧内崩，大怖生狂。

——（西汉）刘安

养生以少恼怒为本。

——曾国藩

不治已病，治未病。

——《黄帝内经》

上医医未病之病，中医医欲病之病，下医医已病之病。

——（唐）孙思邈

病起于过用

摄养之道莫若守中，守中，则无过与不及之害。经出“春夏秋冬，四时阴阳，生病起于过用。”盖不适其性，而强之为，逐强处即病生。五脏受气，盖有常分。用之过耗，足以病生。善养生者，既无过耗之弊，又能保守中立，何患乎外邪所害也？故善服药不若善保养。

——（宋）周守忠《养生类纂》

制命在内

生民之不得休息，为四事故：一为寿，二为名，三为位，四为货，有此四者，畏鬼畏人，畏威畏刑，此谓之“遁民”也。可杀可活，制命在外。不逆命，何羡寿？不矜贵，何羡名？不要势，何羡位？不贪富，何羡货？此谓之“顺民”也。天下无时，制命在内。

——《列子・杨朱》

养生五难

养生有五难：名利不去为一难，喜怒不除为二难，声色不去为三难，滋味不绝为四难，神虑精散为五难。五者必存，虽心希难老，口诵至言，咀嚼英华，呼吸太阳，不能不回其操，不夭其年也。五者无于胸中，则信顺日跻，道德日全，不祈善而有福，不求寿而自延，此养生大旨也。

——（三国）嵇康

养性之道

夫养性者，欲所习以成性，性自为善，不习无不利也。性既自善，内外百病，自然不生，祸乱灾害，亦无由作，此养性之大经也。善养性者，则治未病之病，是其义也。故养性者，不但饵药餐霞，其在兼于百行，百行周备，虽绝药饵足以遐年。德行不充，纵服玉液金丹，未能延寿。

——（唐）孙思邈《备急千金要方·养性》

在生命的身体、心理、道德和精神层面上，组成人实体的元素和力量而和谐地振动时，才会有所谓的健康。

——（美国）查尔斯·哈奈尔

不良心理因素对健康的危害不亚于病菌，良好的心理因素对健康的作用胜过保健品。因此，首先要培养健康的心理。心理健康量化指标是：

△情绪：愉快程度、稳定程度、放松程度、控制程度。

△满意度：对工作、收入、社会地位、家庭生活、子女、人际关系等满意度。

△幸福感：奉献幸福、创造幸福、助人幸福、婚姻幸福、天伦幸福。

△人际关系：与家人、与同事、与领导交往相处的和谐程度。

△适应性：新环境、工作变动、家庭人口的变动、对市场经济的适应能力。

△心理平衡：对收入、住房、工作条件、社会地位、家庭关系心理平衡程度。

△工作承受力：对工作、人际关系、意外打击等的承受能力。

自我与人格：对自己的了解程度、对他人的宽容程度、克服困难的信念、帮助别人的愉快程度、心胸开阔程度、对生活的热爱程度。

——王极盛

编按：王极盛，中国著名心理学家，著名高考研究专家，中国科学院博士生导师，代表作有《青年心理学》《科学心理学》《当代管理心理学》《医学心理》等。

心灵所思考的内容物质化，作用于身体。

——（日本）春山茂雄

编按：春山茂雄，日本医学博士，对情绪致癌有较深的研究，代表作为《脑内革命》等。

你有信仰就年轻，疑惑就年老；你有自信就年轻，畏惧就年老；你有希望就年轻，绝望就年老；岁月使你衰老，但是失去了热情，就损伤了灵魂。

——（美国）麦克阿瑟

编按：麦克阿瑟，美国著名军事家，“二战”时任美国远东军司令，战后任驻日盟军最高司令官等职。

养生是一种智慧，而不是纯粹的医学知识。

——（英国）培根

编按：培根，英国著名哲学家、政治家。培根是近代实验哲学的始祖，在哲学史上影响巨大，代表作有《学术上的进展》《新工具》等。

18. 幸福

人生之幸福，全在于心之幸福。

——（德国）歌德

人是自己幸福的设计者，幸福是一种感觉，它取决于你的态度。

——（美国）梭罗

幸福与不幸福=事实+看法。

——（美国）麦克斯威尔·马尔茨

想最幸福的事，就是最幸福的人。

——（美国）威廉·费尔善斯

人生有五福，一是长寿；二是富贵；三是康宁；四是好德；五是善终。

——《尚书》

完美人生的标准是：心体康泰、家庭和美、勤奋乐观、拥有智慧。心体康泰是根本；家庭和美是关键；勤奋乐观是保障；生命智慧是源泉。

——凡夫子

幸福和人的地位及财产没有多大的关系。人的幸福或不幸，完全取决于自己的想法，所以每天早晨要想对自己有益的事情，而开始一天的生活。人的将来与自己今天所想的事情有着很大关系，因此要想希望、自信、爱和成功。

——（美国）戴尔·卡耐基

大家都在追求幸福的生活，但因为不懂得运用“心”的法则，所以世界上真正获得幸福的人也就特别少。“爱”将招来爱；“恨”将招来恨。因此，唯有爱人之心才会感受到爱。

——（日本）谷口雅春

真正的幸福，只有当你真实地认识到人生的价值时，才能体会到。

——（科威特）穆尼尔·纳素夫

人生不能完全自主独立，就没有完全的幸福。

——（俄国）车尔尼雪夫斯基

感激是美德之母，幸福之源。

——（古罗马）西塞罗

幸福是灵魂的一种香味，是一颗歌唱的心的和声。

——（法国）罗曼·罗兰

一个人如果没有美德，就不会有真正的幸福。

——（法国）卢梭

使人幸福的是德行，而非金钱。

——（德国）贝多芬

生活快乐与否，完全取决于个人对人、事、物的看法如何，因为生活是由思想构成的。

——（美国）卡耐基

所谓快乐的人，不是处在某种特定情况下的人，而是持有某种特定态度的人。

——（英国）休·多斯

快乐存在于当前而不是将来，快乐是一种可以培养和形成的心理习惯。

——（美国）麦克斯威尔·马尔茨

幸福不是不求上进、无知的人可以获取的，生命只有不停地学习，才会越来越精彩，幸福才会不期而至。

——（美国）萨姆纳

进步，就是赶向幸福的道路——是最近、最方便、最容易达到的指标。人生真正的幸福，寓于科学与劳动之中。

——（苏联）高尔基

顶不住眼前的诱惑，便会失去未来的幸福。

——（印度）泰戈尔

人，不是非要轰轰烈烈，有自己醉心爱好的人，生活照样是幸福的。

——（英国）萧伯纳

人生要想得到幸福，就必须使自己所有的才能、力量和志趣按照自己的目标得到很好的发挥，并在各个阶段得到合理的应用。

——（英国）罗伯特·欧文

编按：罗伯特·欧文，英国一位实业家、慈善家，他对自己的几个纺织厂进行试验，总结管理经验，被称为“现代管理之父”“人本管理先驱”。

寻找幸福，还不如好好安静下来，好好珍惜现在拥有的一切，好好享受现在拥有的一切。

——（美国）里普利厄

幸福的要诀，是幸福的人一定要知道自己幸福。

——（美国）柯立芝

编按：柯立芝，曾任市长、副总统，美国第30任总统，在总统任期内，美国经济快速发展，被称为“柯立芝繁荣”。

持久幸福，才是值得我们追求的，而良好的品格，是持久幸福的唯一保证。

——（古罗马）塞涅卡

人的一生有两大目标，第一是得到想要的东西；第二是享受你所得到的东西，只有最聪明的人，才能实现第二个目标。

——（美国）洛根

人生的幸福分为三类，即：自外界得来的幸福，自心灵得来的幸福，和自肉体得来的幸福。

——（德国）叔本华

幸福的家庭都是相似的，不幸的家庭各有各的不幸。

——（俄国）列夫·托尔斯泰

我学到了寻找幸福的方法，即限制自己的欲望，而不是设法满足它。

——（英国）弥尔顿

为人须记人和事顺，处事莫忘事在人为。人处世间，殊为不易，要努力营造和顺环境，使自己得以生存与发展。然环境固然重要，关键还是自我。要不断完善自我，超越自我；设计自我，成就自我。

——陈伯安

在安逸里没有幸福，只有奋斗，有成就，才是真正的幸福。

——周小燕

编按：周小燕，著名歌唱家，音乐教育家，她是中国美声乐教育大师，荣获中国音乐艺术最高荣誉奖“金钟奖”。

内在世界的和谐，表现为我们能够控制我们的思想，能积极主动地面对外来的困扰；同时，内在世界的和谐，也会映射到外在世界，表现出良好的人际关系、舒适的生存环境、处理问题的高效和最佳的精神状态。

——（美国）查尔斯·哈泰尔

只要我们懂得保持和谐艺术，那我们就能千百倍地增加自己的力量。要知道，和谐是一切效率、美好和幸福的秘密。

——（美国）奥里森·马登

编按：奥里森·马登，美国成功学的奠基人，最伟大的成功励志导师，被称为“成功学之父”，《成功》杂志的创办人，他通过传播成功学，改变了无数美国人的命运。

有钱有势不一定幸福，纸醉金迷的奢侈尤其不是幸福。只有物心如一才是幸福，感恩之情才是幸福，人的幸福是内心愉快的享受。

——（日本）松下幸之助

编按：松下幸之助，日本松下公司创始人、董事长，他从一间小店发展到跨国公司，被称为“经营之神”。松下幸之助已不再是一个称呼，而是一种勇于拼搏、不屈不挠奋斗精神的代表。

第四篇　因果法则

——人生就是种“因”：种善因得善果，种恶因得恶果世界上任何事物都不是偶然发生的，每一件事情的发生都有其原因，这就是宇宙的根本法则，即因果法则。人生也是如此，人的思想、语言和行为都是因，都会带来相应的果，人生有付出，才会有收获；有大付出，才会有大收获。善言善行，才会有善果；恶言恶行，必有恶果。人不做违法的事，就不会受到法律的惩罚，就不会带来可怕的恶果。因果法则是人生铁律，人生就是种“因”，你的“现状”是过去种下的“因”，未来要想有好的“状况”，必须种下好“因”，种善因得善果，种恶因得恶果。任何人都要受到因果法则的制约。因果法则，是人生成功或失败的根本法则。

19. 思维

你有善的念头，会得到善的补偿；你有恶的念头，会得到恶的补偿。思善降祥，思恶降殃，这是人生的金科玉律。

——（美国）拿破仑·希尔

一切的成就，一切的财富，都始于一个意念。你的意念的方向和强弱，是成功或失败的决定性因素。

——（美国）拿破仑·希尔

积极的思想，产生积极的结果；消极的思想，产生消极的结果。你所选择的，就是你将拥有的。

——（美国）查尔斯·哈泰尔

思想的力量是一把双刃剑，它可以创造，也可以毁灭。结果如何，关键是看我们的思想是积极的正面的，还是消极的负面的。

——（美国）查尔斯·哈泰尔

人与人之间只有小小的差别，但小小的差别却形成了巨大的不同。小小的差别，就是思维方式是积极的还是消极的；巨大的不同，就是成功或是失败。

——（美国）克莱伯特·斯通

成功人士的重要标志，是他思考问题的方法。一个人如果是个积极思维者，实行积极思维，喜欢接受挑战和应付麻烦事，那他就成功了一半。

——（美国）苏埃尔·皮克

所有的计划、目标和成功，都是思考的产物。你的思考能力，是你唯一能完全控制的东西，你可以以智慧或以愚蠢的方式运用你的思想，但是无论你如何运用它，它都会显现出一定的力量。

——（美国）戴尔·卡耐基

用积极的心态去思考，才能得到真正的智慧，而智慧是引导人们走向成功的向导。

——（美国）奥里森·马登

人生发展是从研究问题开始的。要有问题意识，有问题不是问题，看不出问题才是最大的问题。

——张瑞敏

知可以战与不可以战者胜。

——《孙子兵法》

注意力等于事实，当你注意事物美好的一面，就得到美好的感觉；注意到不好的一面，则是有着不好的回忆。

——陈安之

事物本身并不影响人，人们只是受到对事物看法的影响。

——（德国）叔本华

成功的三大要素：（1）你要决定怎么看；（2）你要决定怎么想；（3）你要决定怎么做。

——（美国）安东尼·罗宾

要有重者优先意识：（1）要看将来，不要看过去；（2）要看机会，不要看困难；（3）要有自己的方向，不要跟在别人后面；（4）要有崇高的目标，不要任其自然。

——（美国）杜拉克

一个人的命运到底由谁来掌握？这是欲求大事的人非常关心的一个问

题。对于弱者来说，命运永远掌握在别人手里；而对于强者来说，命运则掌握在自己手里，一个人只有掌握自己命运才是一个成功者。一句话，在这个世界上只有自己拯救自己。

——（英国）塞缪尔·斯迈尔斯

不考虑事情后果者，必为时代所遗弃。

——《一千零一夜》

人生有三种重要思考：一是预测——未来事业和生活愿景如何实现；二是小心——在人生道路上不要做出大的错误决定；三是周到——执行之前，要关注大局，看得远些。

——（美国）富兰克林

观念的君王，就是未来的君王。

——（英国）丘吉尔

知识不如能力，能力不如素质，素质不如观念。人，一旦观念出问题，不管他有多少知识、能力，都将失去意义。

——王小平

海尔从一个街道小厂发展成一个跨国企业，其主要经验可以用两个字概括，就是“观念”；用四个字概括，就是“观念创新”；用六个字概括，就是“观念不断创新”。

——张瑞敏

人开发新的观念并不困难，难的是从旧观念中跳出来。

——（美国）凯恩斯

人的思想发展分为五个层次，即：知识更新层次，能力培养层次，思维变革层次，观念更新层次和心理调适层次。

——王通政

人的成功或失败都是建立在根深蒂固的、甚至难以觉察的思维模式之上的。这种思维模式一旦改变，你就能从中解放出来，从而更有效地开发自己的潜能。

——（美国）麦·舒尔茨

思维定式，扼杀人的创造力。

——李延国

旧观念是人生监狱。要改变现状，首先要改变旧观念，改变旧的思维模式。

——佚名

人不要“自我设限”。“自我设限”的结果是，不敢尝试，放弃努力，固守旧我，其本质是拒绝改变。要改变自己，就要打破思维定式，不自我设限，做出另外新的选择。

——（美国）吉米·道南

三级光明思维：

（1）一级光明思维——看到世界有黑暗也有光明（黑了南方有北方）；

（2）二级光明思维——看到黑暗可以转化为光明（塞翁失马）；

（3）三级光明思维——无论黑暗与光明都能充实人生（发生即恩典）。

——王通讯

光明思维者，从失败中看机会；黑暗思维者，从机会中看失败。

——王通讯

修行有两个重要原则：（1）凡事正面思考；（2）简单事情重复做。这两个原则，值得我们牢记。

——海涛法师

要做自己思想的主宰。思想既可以作为武器摧毁自己，也可以作为利器开创一片无限快乐、坚定与和平的新天地。

——（美国）阿尔伯特·哈伯德

思想是行为的种子，它是会开花结果的。

——一凡

我们的一思一念都在创造我们的未来。

——（美国）路易斯·海

我思故我在。

——（法国）笛卡尔

改变你的想法，你就能改变你的生活。

——（美国）威廉·詹姆士

没有精神的苏醒，心理的转变是不可能的。一个人在改变他的思维模式之前，他首先必须改变对自己的看法。

——（美国）安德森

思想是精神能量。

——佚名

思想是行为的前提和动力，如果思想是建设性的，是和谐的，那么结果一定是美好的；如果思想是破坏性的，是杂乱不堪的，那么结果一定是不幸的。思想是善恶之源的奥秘，幸与不幸，全部都是思想主宰的结果。

——（美国）查尔斯·哈奈尔

为了进行正确的思考，一个人必须安排出固定独处的时间，在这时他集中注意力不受干扰地沉浸在他的想象里。

——（美国）格莱恩·布兰德

当前社会不是一场技术革命，也不是一切软件、速度革命，而是一场观念和思维方式的革命。

——（美国）杜拉克

当我们改变了我们的思想，就改变了我们的信念；
当我们改变了我们的信念，就改变了我们的期望；
当我们改变了我们的期望，就改变了我们的态度；
当我们改变了我们的态度，就改变了我们的行为；
当我们改变了我们的行为，就改变了我们的表现；
当我们改变了我们的表现，就改变了我们的生活。

——（美国）华特·史代普斯

思想把你带到哪里，你今天就在哪里；思想把你带往哪里，你明天就在哪里。

——（美国）詹姆斯·艾俭

我因为没有鞋子，心里感到难过；但是，当我走在大街上，却看到一个没有脚的人。

——（美国）戴尔·卡耐基引用一位诗人的诗句

人走出心灵的误区，就走出了世界的误区。

——（美国）韦恩·戴尔

勇气、力量、灵感、和谐，这些想法常存心中，取代了原先的失败、绝望、匮乏，限制和嘈杂的声音，身体组织和精神状态也随之发生改变。这是一种生命的重塑、精神的重生。通过这种简单地发挥思想的巨大作用，你不仅改变了自身，同时也改变了你的外在环境和际遇。

——（美国）查尔斯·哈奈尔

我们每个有思想的人，都不愿意自己在世上庸庸碌碌，无所作为，而是希望在短暂的人生中尽其所能不断发展、提高和完善自己，即使到生命的终点，这种追求也无止境。这种提高和完善的能力从何而来？是在思考问题、处理问题的过程中获得的；是在通过改变自己的思维方式，进而改变自己的行为及现状而实现的。而改变的关键，在于激发自己的创造性，这是世间万物发展的动力所在。

——（美国）伯吉斯

世界上有两种东西最有力量，一种是剑，一种是思想，后者永远大于前者。

——（法国）拿破仑·波拿巴

编按：拿破仑，法国著名的政治家、军事家，建立法兰西第一帝国，他先后多次打败欧洲各个封建君主国组建的“反法同盟”，保卫了法国资产阶级政权。

同样的世界，人们的感受却迥然不同：有人觉得枯燥乏味、疲倦不堪；有人觉得饶有兴味，每天都是好日子。人的内在特质，才是生命力的源泉。

——（德国）叔本华

编按：叔本华，德国著名哲学家，代表作有《意志与表象的世界》《论道德的基础》《论意志的自由》等。

人生成功=思考方法×热情×能力。热情与能力为正值，可以用0到100表示；但思想方法，有正负之分，可用-100或+100表示，因此，一个人有了热情和能力的同时，采用正确的思考方法是至关重要的。

——（日本）盛田昭夫

编按：盛田昭夫，日本索尼公司创始人，总经理，被称为“经营之圣”，与被称为“经营之神”的松下幸之助齐名，著有《日本制造》《日本可以说“不”》等。

20. 诚信

诚信是最好的政策。

——（美国）富兰克林

失信不立（人不讲信用，就无法立身立国）。

——《左传》

人而无信，不知其可也（做人而不讲信用，不知道他怎么可以立身处世）。

——《论语·为政》

与朋友交，言而有信（同朋友交往，说话要诚实守信用）。

——《论语·学而》

一诺千金（一个承诺，抵得上千两黄金）。

——《史记》

不精不诚，不能动人（不真诚，就不能打动别人）。

——庄子

人应以诚信为重，以诚待人，以信待人。这样，才能赢得人心，而人心是一个人最大的成功资本。

——曾国藩

言必信，行必果（说话要讲信用，行动要有结果）。

——《论语·子路》

人没有诚信，何来尊严。

——（古罗马）西塞罗

一个企业的信誉度如何，影响到企业发展、成败。当你建立了良好的信誉后，成功便会随之而至。信誉是我的第二生命，有时比第一生命还重要。

——李嘉诚

诚信是人生重要的核心能力，因为有诚信才能得到信任，而信任是现代社会取得成功的基本条件，诚信是无形的力量，也是无形的财富。

——（日本）松下幸之助

做一个有信义的人，胜似做一个有名气的人。

——（美国）罗斯福

人与人之间，只有真诚相待，才能成为真正的朋友。谁要是计算朋友，等于自己欺骗自己。

——（尼泊尔）哈密·伊芒

诚实与勉励，应该成为你永久的伴侣。

——（美国）富兰克林

做一个诚实守信的人，诚实守信是形成强大亲和力的基础——诚实守信会使人愿意与你交往，给你带来种种机遇和恩惠。

——（美国）阿尔伯特·哈伯德

我立身处世，就靠真理和诚实。如果失去了真理和诚实，就等于和我的敌人一起击败自己。

——（英国）莎士比亚

长期守信得来的信用，很可能因为一次失信就会使人格破产。因此，爱惜信用的人一定要谨慎行事，千万不要走错一步。

——（日本）松下幸之助

信用会为你积蓄看不见的财富，时间越久，这笔财富就越珍贵，而欺骗只会透支你的财富，哪怕只有一次，你也会一无所有。

——（美国）多洛雷斯·克里格

诚信是人品格的灵魂，没有诚信就没有高贵的品格。缺乏诚信的人，不是无赖，就是流氓。

——摘自凤凰网《贵州精神与中华文明》

诚者，圣人之本（诚信，是圣贤人的根本）。

——（北宋）周敦颐

编按：周敦颐，北宋哲学家，宋明理学的开山祖师。所著《太极图说》利用道家学说，为封建礼教提供理论根据，对后世的理学发展有较大影响。

我的做人之道，是以诚信为本。

——（美国）林肯

编按：林肯，美国前总统，在美国南北战争中发表了《解放黑人奴隶宣言》，废除了黑人奴隶制，为南北战争的胜利奠定了基础。战后遇刺身亡。

诚信对一个人来说，是他一切美德和能力的基础，如果失去诚信将失去一切。

——潘石屹

编按：潘石屹，中国著名地产商，SOHO中国有限公司董事长，荣获“中国房地产十大功勋人物”奖。

信誉是一种重要资源，我们公司一开始就认识到诚信的重要、信誉的重要，所以取名为“信誉楼”。

——张洪瑞

编按：张洪瑞，黄骅信誉楼商贸集团公司董事长。1984年，张洪瑞带领几个农民，贷款10万元，成立信誉楼商贸公司，经过30多年的发展，如今已拥有沧州、青县、邢台、石家庄等20多家大型商场，成为一个商业巨舰，2014年，销售64亿元，纳税3.25亿元。“信誉楼，讲信誉”，已成为顾客共识。信誉楼的发展壮大，实际上是一个不懈努力经营“信誉”品牌的过程。图片中，笔者作为《中外管理》杂志社记者到公司采访，张总向笔者介绍公司的发展情况。

当信用消失的时候，肉体就失去了生命。

——《法国》大仲马

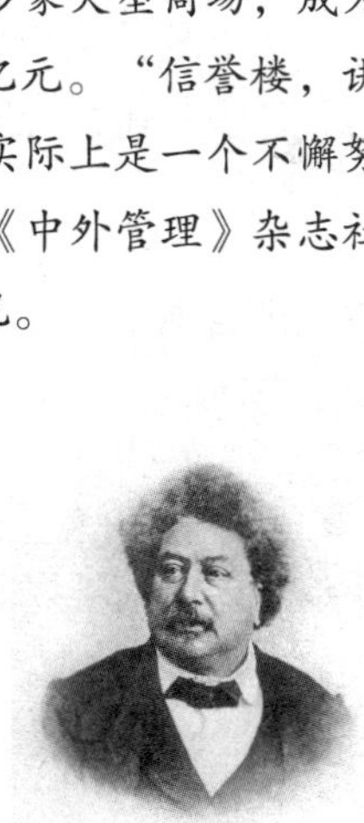

编按：大仲马，法国剧作家，小说家，小仲马的父亲，代表作有《基督山伯爵》《三个火枪手》《马尔戈皇后》等，其中《基督山伯爵》充分显露了他的写作才能。

21. 自律

君子之所取远者，则必有所持；所就大者，必有所忍。

——（宋）苏轼

自律，是一种难得的美德。

——（美国）拿破仑·希尔

人能克己，方能成己。

——（明）王守仁

自律原则，是一种重要的道德原则。

——（德国）康德

自律，是从平凡到非凡的能力。

——杨思卓

自律，就是限制自己的各种欲望，人的欲望总是在膨胀，这叫欲壑难平。良好的欲望于人于己于社会都有好处，但恶欲或邪欲一旦欲火中烧，就难免让自己最终玉石俱焚。

——雷抒雁

损人即自损也，爱人即自爱也（损伤别人如同损伤自己，爱别人如同爱自己）。

——（宋）杨庭显

不以穷变节，不以贱易志（不因为贫困而改变节操，也不因为地位低贱而改变志向）。

——（汉）桓宽

名节重泰山，利欲轻鸿毛。

——（明）于谦

迷于利欲者，如醉酒之人，人不堪其丑，而已不觉也（沉迷于利欲的人，就像喝醉酒的人，别人看不惯他的丑态，而他自己却觉察不到）。

——《薛文清公全集·读书录》

利令智昏（私利和权令可以使人丧失正常的智慧）。

——《史记》

富贵一时，名节千古。

——（清）张廷玉

人不尊己，则危辱及人矣（人如果不尊重自己，危险和耻辱就会降临到他身上）。

——《列子·说符》

成功者之所以成功，在于自律，不断反省自己；失败者之所以失败，在于放纵，从不约束自己。一个人只要自己不打倒自己，世界上就没有什么力量可以打倒你。

——佚名

修己而不责人。

——《左传》

应当学会克制自己，克制，才能达到谅解，萌发友谊和感情。

——范泽

欲思其利，必虑其害。

——诸葛亮

我们为什么难以成为理想的自己？是缺乏自律，因为有意义的行为改变是需要毅力才能做到的。

——（美国）马歇尔·史密斯

人一旦做了亏心事，先是恐惧，慢慢就会麻木不仁，但是，尚未泯灭的良心，使他们无法安宁。

——（古罗马）塞涅卡

善有善报，恶有恶报；不是不报，时候未到，时候一到，一切要报。

——陈毅

上帝要让谁灭亡，首先就让他疯狂。

——《圣经》

愚蠢的人，因贪图利益而受损。

——《藏经》

节制、勇敢和智慧，是人生成功最重要的三种美德。

——（古希腊）柏拉图

必须自己和自己搏斗，才能征服自己。

——（法国）罗曼·罗兰

自我节制，是人生最大的美德。人生承担苦难易，抗拒诱惑难，而抗拒诱惑、控制自己的欲望是需要智慧的，这正是一些人想做而不能做到的根本原因。

——晓力

不知自我约束的人，在生活中将会波折不断。

——（古罗马）塞涅卡

编按：塞涅卡，古罗马政治家、哲学家、剧作家，代表作有《道德和政治论文集》《道德书简》等。

人生要学会战胜自己：当我们需要勇气，先要战胜自己的懦弱；需要勤奋，先要战胜自己的懒惰；需要宽容，先要战胜自己的偏狭；需要廉洁，先要战胜自己的贪欲。我们不要小看这小小的胜利，人生的大胜都是从这些小胜中一点一滴积累而成的。

——（美国）威廉·詹姆士

知人者智，自知者明。胜人者有力，自胜者强（正确地了解别人是机智，正确认识自己才是高明。战胜别人是有力量，能战胜自己才算坚强）。

——老子《道德经》

百年养不是，一日毁有余。

——王安石

人生一大罪过，就是“自是自私”四个字。

——（明）吕坤《呻吟语·修身》

谨于言而慎于行。

——《礼记》

做人的最高境界就是节制，而不是释放，所以，我享受节制，我觉得这是人生最大的享受，释放很容易，物质的释放、精神的释放很容易，但最难的是节制。

——陈道明

律己足以服人，量宽足以得人，身先足以率人。

——林逋《省心录》

哪怕对自己一点小小的克制，也会使人变得强而有力。

——（苏联）高尔基

我的确时时解剖别人，然而更多的是更无情面地解剖我自己。

——鲁迅

自律原则：三思而行，想清楚了，下定了决心，才可以保持自律力。

——（美国）马歇尔·史密斯

做荒唐事，只能害自己。贪欲，是自己害自己。

——曾国藩

要断送一个人，就要让他染上一种嗜好。

——（法国）巴尔扎克

真正的教育，是培养人的品格，提高人性。

——（日本）松下幸之助

研究人性，是人生要精读的一门学问。

——曾国藩

自制是世界上最强大的力量和财富。

——（古希腊）毕达哥拉斯

编按：毕达哥拉斯，古希腊著名哲学家、数学家，他发现了毕达哥拉斯定理，即勾股定理，是一位影响西方乃至世界的人物。

大抵一切言行，宜准于量，勿随于欲（总之一切个人言行，自己心里要有准绳，不要随波逐流，讨好世欲）。

——（清）严复

编按：严复，近代资产阶级思想家、翻译家、教育家，他翻译出版的《天演论》《原富》《社会通诠》等著作，对当时社会影响巨大。

22. 惜时

世界上最快而又最慢，最长而又最快，最平凡而又最珍贵，最容易被忽视，而最令人后悔的，就是时间。

——（苏联）高尔基

你热爱生命吗？那么别浪费时间，因为时间是组成生命的材料。

——（美国）富兰克林

时间不能增添一个人的生命，然而珍惜时间可使生命变得更有价值。

——（法国）卢瑟·伯班克

不懂时间管理，那就什么也无法管理。

——（美国）德鲁克

合理安排时间，就等于节约时间。

——（英国）培根

最严重的浪费，就是对时间的浪费。

——（法国）布封

善于利用时间的人，永远找不到空闲的时间。

——（德国）歌德

取得杰出成就的人，都是利用时间的高手。

——华罗庚

记住：消费时间，就是消费生命；浪费时间，就是浪费机会。

——（美国）拿破仑·希尔

“一寸光阴一寸金，寸金难买寸光阴。”这是中国人的老格言，却道出了一个简单朴素的真理：时间贵于黄金。杰出成功人士，都像珍惜黄金般地珍惜时间。

——晓力

一个人愈知道时间的价值，就愈感到失去时间的痛苦。

——（意大利）但丁

人生成功是时间的积累，如练弹琴，有人练几百个小时，只能会弹；有人练几千个小时，达到熟练；专业人才练习上万小时，成为卓越。

——《新知客》

人生太短，能干的事太多，我要争分夺炒。

——（美国）爱迪生

时间就像海绵里的水，只要愿挤，总还是有的。

——鲁迅

最聪明的人，是最不愿意浪费时间的人。

——（意大利）但丁

放弃时间的人，时间也会放弃他。

——（英国）莎士比亚

荒废时间，等于荒废生命。

——（日本）川端康成

时间是我的财产，我的田地是时间。

——（德国）歌德

普通人只想到如何度过时间，有才能的人是设法利用时间。

——（德国）叔本华

我平生以“爱祖国，惜寸阴”为座右铭，前者是动力，后者是实践。

——吴中伟

多年攻读数学，既分不清节假日与星期天，平时也听不到下班铃声，这种专心致志培养了我如醉如痴的感情，经常弄出一些让人见了很不理解的笑话。

——陈景润

我这个人并不聪明，只是当别人起床时，我已经看了四个小时的书。

——华罗庚

最重要的是分清什么东西是值得注意的，什么东西是不值得注意的。有了正确的分辨能力，才能正确地支配使用时间。

——杨振宁

时间不可空过，用于有益的工作，一切无益的行为都应完全制止。要创造自己的价值体系，来指导自己的时间安排。

——（美国）富兰克林

工作要分清轻重缓急：（1）重要又紧急；（2）重要但不紧急；（3）不重要但非常紧急；（4）既不重要也不紧急。

——柳青

要把主要精力放在可以获得最大回报的事情上，而不要将时间花在对成功无益或很少益处的事情上。

——姚常晓

时间管理的方法是将工作分为三类：（1）必须做的；（2）应该做的；（3）不值得做的。这样，该干什么，不该干什么，就十分清楚了。

——（美国）安东尼·罗宾

一个月本来只有30天，古人把每个夜晚的时间称为半日，这样就多了15天。从这个意义来说，实际上夜晚的时间就等于生命的三分之一。

——邓拓

不要把时间浪费在垃圾上。

——（美国）丹尼尔·丹尼特

浪费时间，是一桩大罪过。

——（法国）卢梭

善用零碎时间，比如在车上时，在等待时，可用于学习，用于思考，用于计划未来的行动等。充分利用零碎时间，短时间可能没有明显感觉，但日积月累，将会有惊人的成效。

——姚常晓

时间是需要管理的，而管理是需要一些技巧和方法的，只有用技巧管理好你的时间，你才能真正发挥时间的价值，你也才能在工作和生活面前游刃有余，而不是筋疲力尽或焦头烂额。

——姚常晓

时间管理“五步法”：

（1）列单——把要做的事情一项一项记下；

（2）分类——把记下的事项按重要性排序分类；

（3）删除——分析最后的事项是否必要做，否则删除；

（4）习惯——将以上三个步骤养成日常生活习惯；

（5）成就——按上述步骤实施，工作效率将大大提高。

——（美国）约瑟夫著《一天25小时》

时间最不偏私，给任何人都是24个小时：时间也最偏私，给任何人都不是24个小时。

——（英国）赫胥黎

今天所做之事，勿候明天；自己所做之事，勿候他人。要做一番伟大的事业，总得在青年时开始。

——（德国）歌德

时间给勤奋者以荣誉，给懒汉以耻辱。

——高士其

编按：高士其，中国著名科学家、科普作家、社会活动家，中国科普事业的先驱和奠基人，撰写有75万多字的科普小品和科普论文。

不做无益事，一日当三日。人活五十年，我活百五十。

——胡适

编按：胡适，著名学者，以领导新文化运动著闻于世。“五四运动”后，同李大钊、陈独秀等马克思主义知识分子分道扬镳。曾任北京大学校长、中国台湾中央研究院院长等。

记录你的时间，管理你的时间，集中你的时间，不教一日闲过。

——齐白石

编按：齐白石，中国近代绘画大师，世界文化名人，擅长画花鸟、鱼石、山水、人物，曾任中国美术家协会主席等职。

一年之中，务求不虚度一日；一日之中，务求不虚度一时。

——陶行知

编按：陶行知，人民教育家、思想家，伟大的爱国者，中国人民救国会和中国民主同盟主要领导人之一。被宋庆龄称为“万世师表”。

一分时间，一分收获，对科学工作者来说，不是一天8小时，而是寸阴必珍，寸阴必争。

——童第周

编按：童第周，中国著名生物学家、教育家，中国实验胚胎学主要创始人，开创中国“克隆”技术之先河，被称为“中国克隆之父”。

根据我的经验，如果一个人善用自己的时间，他一年可以多获得3285个小时，按照美国的一项研究报告所示，一般美国人每天平均工作4个半小时，睡9个小时，吃喝3个小时，家务事2小时，其他5个半小时都浪费掉了。如果每天不浪费这5个半小时，再少睡2小时，吃喝再省一个半小时，这样一年下来就多工作3285个小时，这是我做那么多工作的原因。

——（美国）李昌钰

编按：李昌钰，美籍华人，刑事鉴识专家，被称为“当代福尔摩斯”。40年来，他参与调查了8000多个刑事案件，完成了30多本刑事科学专著，300多篇学术论文，是美国20多所大学刑事科学终身教授。在世界各地，由他指导的实验室以千计等。

我以为时间最富贵的就是“今”，最容易丧失的也是“今”。

——李大钊

编按：李大钊，中国共产党主要创始人之一，中国共产主义的先驱，是学识渊博、勇于开拓的著名学者，1927年被军阀张作霖逮捕，英勇就义。

23. 习惯

优秀是一种习惯。

——（古希腊）亚里士多德

所谓习惯，是一种重复性的，通常为无意识的日常行为规律，它往往通过对某种行为的不断重复而获得。

——（美国）杰克·霍吉

我们每天高达90%以上的行为是出自于习惯。

——（美国）杰克·霍吉

人的思考取决于动机，语言取决于学问和知识，而行为多半取决于习惯。

——（法国）莫泊桑

习惯是一种顽强的力量，它可以主宰人的一生。

——（英国）培根

人的好习惯越多，生活就越容易，抵抗诱惑的能力也就越强。

——（美国）威廉·詹姆斯

习惯，这是德行的秘密。

——（德国）费尔巴哈

人的行为是按习惯行事的，什么是习惯？“天天”“常常”，就是习惯；不“天天”，不“常常”，就不是习惯。习惯，是一个人思想和行为的真正领导者。

——晓力

习惯具有巨大的力量，好习惯可以造就人才，坏习惯可以摧残人才。

——（美国）拿破仑·希尔

在恶习的包袱下，真不知有多少崇高的事业甚至杰出人物遭到失败与堕落。

——（俄国）乌申斯基

成功或失败，都源于你养成的习惯。成功者，都是确定目标，全力以赴；而失败者，都是随波逐流，没有方向。

——（美国）拿破仑·希尔

起初我们养成了习惯，后来习惯养成了我们。

——（美国）王尔德

教儿女养成一种勤勉的习惯，胜于留给他们一笔财产。

——（美国）惠特利

习惯是人类生活最有力的向导。

——（英国）休谟

修改小习惯，就等于修改自己的意识与性情。

——傅雷

谁如果养成了一种坏习惯，除非到死，永远难改。

——（波兰）萨迪

好习惯，是一个人在社交场合所能穿着的最佳服饰。

——（古希腊）苏格拉底

习惯一旦养成之后，便用不着借助记忆，很容易很自然地就会发挥作用。

——（英国）洛克

行为养成习惯，习惯养成性格，性格决定命运。一个动作、一种行为，多次重复，就能进入潜意识，变成习惯性的动作。人的知识积累、才能的增长、极限的突破等，都是习惯性的动作、行为不断重复的结果。

——王通讯

如果你希望成功，希望出类拔萃，那么你必须明白一点——是习惯决定你的未来。

——（美国）杰克·坎菲尔德

意识到坏习惯的存在，是改掉坏习惯的第一步。习惯不可以根除，但是它可以被替换。

——（美国）杰克·霍吉

一旦你认识了坏习惯的不良后果，你就开始走上了改掉坏习惯的道路，改变习惯的关键，在于有意识地与潜意识沟通，不断训练，最后建立起来新的习惯。

——（美国）杰克·霍吉

每天早晨的想法，将决定你一天的表现。

——（美国）威廉·派克

每天晚上总结下自己一天所做的事情。

——（美国）罗德·赫伯

优秀是一种习惯，习惯的最大特点是它的带动效应，即好习惯会带出一系列好习惯；相反，坏习惯会带出一系列坏习惯。

——一凡

要和自己竞争。我们征服的不是高山，而是自己，必须自己和自己搏斗，才能征服自己。哪里有超乎寻常的追求，哪里就有成功和快乐。

——一凡

播下一个行为，你将收获一种习惯；

播下一个习惯，你将收获一种性格；
播下一种性格，你将收获一种命运。
习惯具有一种坚强的力量，它可以主宰人的一生。

——（美国）威廉·詹姆斯

曾国藩是如何养成习惯的?

曾国藩立志要做一个圣人，为了达到“内圣”的最佳境界，他为自己制订并长年坚持“修法十二课”：

（1）持身敬肃；
（2）静坐养性；
（3）早早起床；
（4）读书专一；
（5）阅读史书；
（6）说话谨慎；
（7）保养真气；
（8）爱护身体；
（9）每天获取新知；
（10）不荒疏旧技能；
（11）写字；
（12）夜晚不出门。

——曾国藩

编按：曾国藩，中国近代政治家、战略家、理学家、文学家，湘军的创立者和统帅。在曾国藩倡议下，中国建造了第一艘轮船，建立了第一所兵工学堂，安排了第一批赴美留学生等。曾国藩是中国近代建设的开拓者，其个人智慧，实质上是中国传统文化的一种体现，代表作有《治学论道之经》《曾国藩家书》等。

富兰克林的“特殊习惯训练”

富兰克林79岁高龄时，回顾一生所取得的成就，认为重要原因是在年轻时的一种“特殊习惯训练”，即为自己列举13种习惯，长年坚持。

（1）节制——食不过饱，饮酒不醉；

（2）寡言——言必于人于己有益；

（3）有序——放置有序，明了轻重缓急；

（4）决心——决心要做的事坚持不懈；

（5）俭朴——用钱于人于己有益，切莫浪费；

（6）勤勉——不浪费时间，做有用的事；

（7）诚恳——不欺骗人，思想纯洁公正；

（8）公正——不做损人利己的事；

（9）适度——避免极端；

（10）清洁——身体、衣服、位所力求清洁；

（11）镇静——勿为小事而惊慌失措；

（12）贞节——切勿房事过度；

（13）谦虚——仿效耶稣和苏格拉底。

编按：富兰克林，美国著名的政治家、科学家，杰出的外交家和发明家。他曾参与起草美国《独立宣言》等，在科学上发明了避雷针，同时，他还是一位出版商、记者、作家、慈善家，代表作有《富兰克林自传》。

24. 智慧

所谓智慧，就是心神的能量、生命的营养、思想的精华、觉悟的资粮。说白了，就是远见卓识。

——凡夫子

人生不可能有两次，但是许多人连一次也不曾善于度过。

——（德国）吕凯特

假如时光可以倒流，世上将有一半的人可以成为伟人。

——（美国）内德·兰塞姆

没有第二次选择，这是人生的真谛。

——（古希腊）苏格拉底

人生犹如一盘象棋，选择是公开的，但是接下来的步子，就是你选择的结果，你要为你前边的选择负责。因此，人生如下棋，深谋远虑者胜。

——（美国）霍弗

没有比学习人生更艰难的艺术，因为其他的艺术和学问，到处都可以找到理想的老师，而学习人生则要靠自己去感悟。

——（古罗马）塞涅卡

对于处世接物，凡能忍辱负重、审慎思考的人，往往易于达到目的，稳操最后的胜算；反之，急躁冒进，急于求成的人，没有不失败后悔的。

——《一千零一夜》

人聪明得太晚，也是一种愚蠢。

——（古希腊）荷马

悟有大小，小悟可以积累成大悟，大悟又可以积累成彻悟。彻悟者，乃智慧之圆满，也是吾心大用之彻底发挥。

——侯秋东居士

精明和智慧是非常不同的两件事：精明的人，是精细地考虑自己利益的人；而智慧，则是精细地考虑他人利益的人。

——（英国）雪莱

临大事而不乱，临利害之际不失故常（当大事来临时，不要惊慌失措，镇定沉着；在利害冲突的关键时刻，不要患得患失，要保持常态。告诫我们，要有胆量、毅力，同时要有才干和决心）。

——（北宋）苏轼

莫见乎隐，莫显乎微，故君子慎其独也（君子在没人看见的时候也谨慎守道，在没人知道时也生怕离道。即使在隐蔽之处，或在细微的事情上，也没有离道的表现。所以，君子在独处独知的时候也十分谨慎）。

——《中庸》

合抱之木，生于毫末；九层之台，起于累土（合抱的大树是由细小的幼苗长成，九层的高台是由一筐一筐的泥土堆成。告诉我们，任何大事都是由小事逐渐发展演变而来的）。

——老子《道德经》

圣人不积，既以为人，已愈有；既以与人，已愈多。天之道，利而不害；圣人之道，为而不争（圣人不积累财富，尽全力帮助他人，自己反而更加充实富有；给予他人的越多，自己得到的也越多。天之道，利万物而不害；圣人之道，追求有为而不争）。

——老子《道德经》

时穷节乃见。一一垂丹青（困厄中呈现人的气节，有气节的人将会一一名垂青史）。

——（南宋）文天祥

愚昧是罪恶之母，一个人犯罪第一位的因素是因为他没有推理能力。

——（法国）巴尔扎克

机关算尽太聪明，反算了卿卿性命！

——（清）曹雪芹

仁者不忧，知者不惑，勇者不惧（有德行的人不会忧虑，有智慧的人不会迷惑，有勇气的人不会畏惧）。

——《论语·宽向》

不入虎穴，焉得虎子（不冒险进入虎穴，怎么能获得虎子）？

——《后汉书·班超列传》

欲速则不达，见小利则大事不成（如果一味追求速度，反而会达不到目的；如果贪求小利，就不会成就大事）。

——《论语·子路》

去小智，则大智明。

——《庄子·外物》

人无远虑，必有近忧（一个人如果没有长远的考虑，就必然有近期的忧虑）。

——《论语·卫灵公》

千丈之堤，以蝼蚁之穴溃（长达千里的大堤，由于有小小的蝼蚁洞而崩溃，告诫人要防微杜渐）。

——《韩非子·喻老》

居安思危，思则有备，有备无患（虽然处于平安之境，但要思考未来的危险，有思考就有准备，有准备就不会有隐患）。

——《左传》

良药苦口利于病，忠言逆耳利于行。

——《孔子家语》

生活中最重要的原则是懂得忍耐，智慧的一半真谛既藏其中，容忍愚蠢和屈辱，更需要耐心，不能忍耐之人，无内涵可言。

——曾国藩

人生就像一支乐曲，有高音有低音，有快节奏有慢节奏。你若要演奏得美妙悦耳，就需要一种艺术。

——《圣经》

举大事必慎其始终（办大事一定要自始至终都小心、谨慎）。

——《礼记·文王世子》

现在，物质极大丰富，一些人贪婪地追求自己需要和不需要的种种物质利益。人一旦变成物质的奴隶，就失去了心灵的自由。物质追求简单、精神追求丰富，是一种美德，是一种境界。

——佚名

身在闹市难免几分俗气，人居陋室宜生一点禅心。生活在世俗的环境中，难免沾上几分俗气。但作为有理智的人，却需要心静气定，寻找属于自己的精神家园。"禅心已作沾泥絮，不逐春风上下狂"，是一种难得的境界。

——陈伯安

许多人以为成功是由于偶然和运气组成，其实不然，它是由规律和法则组成的。

——（美国）爱因斯坦

成功既不神奇，也非不可思议。成功，是持续应用某种法则的自然结果。

——（美国）吉姆·罗思

随着时代的发展，成功的技术和方法在改进，但是成功的基本原则从未改变。

——（美国）格莱恩·布兰德

伟大的真理，往往是最平凡的真理。

——（俄国）列夫·托尔斯泰

请记住：真理是朴素的，我们应用了普遍规律的力量，便可扭转生活的劣势，创造自我，从而获得胜利。

——（美国）皮革门特·斯通

不明源头，难寻真理；不懂真理，难懂人生。

——凡夫子

天命之谓性，率性之谓道，修道之谓教（上天把天理赋予人形成品德就是“性”，遵循本性自然发展的原则而行动就是“道”，圣人把道加以修明并推广于民众就是“教”）。

——《中庸》

得道至贵。

——《吕氏春秋》

上士闻道，勤而行之；中士闻道，若存若亡；下士闻道，大而笑之。不笑，不足以为道（悟性高的人，听到道会勤奋行动；悟性中等的人，听到道似信非信；悟性低的人，听到道会大肆嘲笑，如果他不嘲笑，那就不值得称为道了）。

——老子《道德经》

道之出口，淡乎其无味，视之不足见，听之不足闻，用之不足既（道，说出来淡而无味，看也看不到它的样子，听也听不到它的声音，但是它的作用却是无穷无尽的）。

——老子《道德经》

君子义以为贵，得义则重，失义则轻，由义为荣，背义为辱（君子以道义为重，得到道义的人就受到尊重，失去道义的人就不值得一提；遵循道义是光荣，背离道义则是耻辱）。

——陆九渊《与郭邦逸》

君子以作事谋始（君子处理事情，在开始时就应当慎重思考谋划，利弊得失考虑周全，以防争论与不测）。

——《易经》

君子以险德避难（君子应收敛自己的才华，不可炫耀，以避免引起小人的陷害和其他灾难）。

——《易经》

君子以遏恶扬善（君子必须遏制邪恶，显扬善行，以顺应至善至爱的天命）。

——《易经》

观我生，进退；未失道也（应当观察自己的主张，来决定进退，要择善止恶，不可失去自己的原则。告诉我们，要懂得进退）。

——《易经》

君子尚消息盈虚，天行也（君子应为领悟，一切事物都有消长盈虚的现象，这是宇宙运行的自然法则，告诉我们，事物是在不断变化的，要懂得消长）。

——《易经》

君子以顺德，积小以高大（君子应谨慎自己的德行，不断进修，由小处着手，累积成高大）。

——《易经》

积善之家，必有余庆；积不善人家，必须余殃（积善的人家，必定有多余的喜庆，遗留给子孙；积恶的人家，必然有灾祸，遗留给后代）。

——《易经》

知人者智，自知者明。胜人者有力，自胜者强（认识别人算是有智慧，认识自己的人才算高明，能战胜别人是有力量，而能够战胜自己的人才是真正的强者）。

——老子《道德经》

知足不辱，知止不殆，可以长久（人知足就不会招致侮辱，知道适可而止就不会遇到危险，因此能长久生存）。

——老子《道德经》

福祸无门，唯人自召。

——《左传》

祸兮福之所倚，福兮祸之所伏（灾祸，幸福就倚在它的旁边；幸福，灾祸就潜藏其中。这告诉我们，灾祸、幸福相互依存，是会转化的）。

——老子《道德经》

福祸的相倚相伏，是一种耐人寻味又几乎普遍存在的现象。

——（德国）歌德

柔之胜刚，柔之胜强，天下莫不知，莫能行（天下人都知道柔能克刚、柔能胜强的道理，但是很多人却做不到）。

——老子《道德经》

曲则全（委曲才能保全。懂得了这个道理，就是人不能太直，知道绕个弯才成。现在讲美也讲曲线美，万事万物都离不开这个原则）。

——老子《道德经》

偏见害人

利欲未尽害心，意见乃害心之蟊贼（名利和欲望未必会伤害自己的心性，而刚愎自用，自以为是的偏见，却是残害心灵的毒虫）。

——《菜根谭》

苦中有乐

苦心中，常得悦心之趣；得意时，便生失意之悲（人生在苦心追求时，因为感受到追求成功的喜悦，而觉得乐趣无穷；人生在得意时，因为面临顶峰过后的低谷，往往潜藏着失意的悲哀）。

——《菜根谭》

逆境励志，顺境杀人

居逆境中，周身皆针砭药石，砥节砺行而不觉；处顺境内，眼前尽兵刃戈矛，销骨靡骨而不知（人处在逆境中，如置身于治病用的针灸药石之中，纠正过失，陶冶性情；处在顺境中，眼前却充满了看不见的刀枪戈矛，逐渐消磨人的意志，却浑然不知）。

——《菜根谭》

过满则溢，过刚则折

居盈满者，如水之将溢未溢，切忌再加一滴；处危机时，如木之将折未折，切忌再加一搦（当一个人的权力达到鼎盛时，就像水缸中的水已满将要溢出，这时切忌再加一滴；处在危机状况时，就像树木将要折断未折断时，这时切忌再追加一点力量）。

——《菜根谭》

污泥不染

势利纷华，不近者为洁，近者而不染为尤洁（面对世上纷乱的种种恶行，不去接近是志向高洁；然后接近了却不受污染更为品质高尚）。

——《菜根谭》

静坐观心

夜深人静独坐观心，始觉妄穷而真独露，每于此中得大志趣（夜深人静时，一个人坐下来静观自己内心深处，开始觉得私心杂念都没有了，流露出本性中的真，每当此时才真正领悟到生命的意义。）

——《菜根谭》

不贪为宝

古人以不贪为宝，所以度越一世（古人以没有贪念作为修身的宝贵品质，所以能超越物欲时代，圆满善终度过一生）。

——《菜根谭》

小不忍，则乱大谋（对小事不忍，没有忍性，就会影响大局，坏了大事）。

——《论语》

担当大事，全在“明强”二字。“明强”的意思，既要自信，又不要盲目自信；既要超过他人，又要注意条件和场合，不讲策略，一味地真，是另类鲁莽。

——曾国藩

要有大的人生局面，一定要有头脑，不做狂态之人，不做明态之人，不做周旋之人，要虚怀若谷，雅度大度。

——曾国藩

不要在大事情上糊涂，有些人在小事情上不糊涂，斤斤计较，但在大事情上却看不明白。所以，有小成与大成之分，人应该是“小处让人，大处胜人”。

——曾国藩

要想得到别人敬重，就要学会收藏你的聪明，过分聪明，不懂收藏，只会给自己惹祸。败者有二端，一是长傲，二是多言。

——曾国藩

懂得退进。退中求胜，是思考过人之计，不可轻视。不轻进，不轻退。正确做法是：时机未成熟时，选退，这样可以保全自己；时机到时，就进。凡事留有余地。一个人只知一味较劲，对自己毫无益处。

——曾国藩

避祸是人生大事，也是官场重头戏，居官有四败：昏、傲、贪、诈。不违四败，就会长久，人应常存冰渊惴惴之心。

——曾国藩

智慧有三果：一是思考周到，二是语言得当，三是行为正确。

——（古希腊）德漠克里特

判断一个人，应该在遇到大事、要事之时，看他是否轻松胜任；在顺逆境中，看他的胸襟气度；在盛怒之际，看他的涵养；在公众场合，看他的言行举止，学问见识。

——（北宋）司马光

“小心驶得万年船。”行动谨慎稳健的人，很少吃亏；如果一个人被眼前胜利冲昏头脑，就很难发现隐藏的危机，这时离失败已经不远了。

——李嘉诚

说话的方式有四种：（1）会说话会听话；（2）会说话不会听话；（3）不会说话会听话；（4）不会说话也不会听话。

——佚名

不降其志，不辱其身（不降低自己的志向，不辱没自己的清白）。

——《论语》

智慧是以无事为第一境界，无事就是幸福。

——李居明

人生“不出事”，是一种底线，是一种坚持。“不出事”与想干事、能干事、干成事相辅相成，不可或缺。

——陈文邦

一个人除非他自己投降，否则他永远不会被打倒。

——《圣经》

遇事不服，逆反，专门和领导作对较劲，这是一种幼稚的表现。聪明的人，决不与领导较劲。

——张冠宇

懂得推恩施惠（意即：有功劳时，懂得将功劳往上推；有利益时，懂得施惠于下层，这样，就会使上司拉你攀升；部下推你攀升，这是一种大智慧）。

——《黄石公兵法》

人生百年，不可虚度

人生只有百年，此日最易过，幸生其间者，不可不知有生之乐，亦不可不怀虚生之忧（人生只有百年光景，是最容易度过的。有幸生活在世上的人，不能不知道拥有生命的乐趣，也不能不时常担忧是否虚度一生）。

——《菜根谭》

凌驾于别人之上，以强硬的态度示人，也许能让对方当面点头称是，背后却会招来骂声一片；降低姿态，适当示弱，却会赢得谅解，赢得和睦，赢得尊重。适当示弱，是一种积极的人生态度。

——侯美玲

人生智慧，要看透，但不要说透。

——谢可慧

人生要在生命中较少的事情上遭受挫折，然后才能了解生命中较大部分的全部价值。

——（英国）部卫尔

人生是路虽然漫长，但是紧要处常常只有几步，特别是当人年轻的时候。

——柳青

生命不是一个简单的从无到有再到无的过程，是一个逐步深入、升华的多层次的过程。只有我们内心世界拥有，我们才能从外部世界获得相应的东西。

——（美国）查尔斯·哈奈尔

人生态度，晚节更重

语云：看人只看后半截。真名言也（看一个人的节操和生活状态如何，主要看他的后半生，这真是一句至理名言啊）。

——《菜根谭》

一个人的自我价值，即自信、自爱、自尊。这三者的顺序是：先要建立自信，才能建立自爱；只有自爱，才能建立自尊。

——（中国香港）李中莹

不能善待，便不懂人生；不懂苦难，便不懂人生；不能自度，便不懂人生；不见大道，便不懂人生。

——凡夫子

明者因时而变，智者随时而制（聪明的人会随着时代的变化而改变策略，有智慧的人会按照世事变化的情况而制定法则）。

——（西汉）桓宽

我把人生看成一本好书，你越钻进去，它越会使你感到有意义。

——（美国）哈罗德·库什纳

人的一生有许多关键的转折点，如：

中学至大学（主题是：教育程度）；

大学至工作（主题是：投入领域）；

工作至专业精湛（主题是：专业化程度）；
专业精湛至职位（主题是：职级晋升）；
职位至成长极限（主题是：稳定职级）；
稳定职级至退休（主题是：生活形态选择）。
对这些关键转折点把握好，才能在平凡的世界中创造不凡的人生。

——（美国）拿破仑·希尔

少年时候，要修理自己；青年时候，要正视自己；壮年时候，要扩大自己；老年时候，要圆满自己。

——星云大师

如果你能满意地回首往事，那你就拥有了人类最珍贵的礼物之一：幸福回忆。

——（法国）詹姆斯·菲革

迈向成功的“十把金钥匙”：
（1）决心——今天，我开始新的生活；
（2）爱心——我要用全身心的爱来迎接今天；
（3）恒心——坚持不懈，直到成功；
（4）信心——我是世界上最伟大的奇迹；
（5）重视今天——忘记昨天，不要痴想明天；
（6）控制情绪——学会控制情绪，就更能体察别人的情绪变化；
（7）快乐——我要笑遍世界；
（8）自重——我要更加重视自己的价值；
（9）行动——我现在就付诸行动；
（10）信仰——万能的主啊，帮助我吧。

——（美国）奥格·曼狄诺

人生的生存智慧：
（1）把平凡的工作——价值化；

（2）把深奥的难题——简单化；
（3）把繁杂的事情——条理化；
（4）把简单的道理——哲理化。

——晓力

人生幸福的“+ - × ÷ 法则”

加法：将生活中的限制、不利，变为机会；
减法：放弃生活中成为负担的东西；
乘法：扩大与他人（特别是高人）的交往范围；
除法：消除人生中若干误区和盲点；
乘方：将努力程度（自信与热情）自乘若干次方。

——晓力

人生应具备的八种精神：
（1）感恩精神——回报性；
（2）诚信精神——可信性；
（3）敬业精神——执着性；
（4）能力精神——高效性；
（5）规划精神——积累性；
（6）学习精神——可塑性；
（7）团队精神——合作性；
（8）安全精神——持续性。

——晓力

现代处事十则：
（1）目光要远一点；
（2）脑筋要活一点；
（3）行动要快一点；
（4）效率要高一点；
（5）做事要多一点；

（6）理由要少一点；
（7）讲话要巧一点；
（8）脾气要小一点；
（9）微笑要带一点；
（10）心胸要宽一点。

——佚名

胸中善养浩然气，心头常吹快哉风。人生在世，挫折伴之，烦恼亦常伴之，只要浩然正气尚在，你就不会倒下；只要快乐之风常吹，你就不再烦恼。

——陈伯安

智者始于悟，终于谐；愚者始于乐，终于衰。

——（西汉）刘向

编按：刘向，西汉经济学家、文学家、目录学家，曾校阅皇家藏书。代表作有《战国策》《列女传》等。

人最宝贵的是生命，生命属于我们只有一次。人的一生应该这样度过：当他回首往事的时候，不因虚度年华而悔恨，也不因碌碌无为而羞愧。这样，在他临死的时候就能够说："我把整个生命和精力，都献给了世界上最壮丽的事业——为人类的解放而斗争。"

——（苏联）奥斯特洛夫斯基

人生不是一种意义，而是一种机会，形象地说，生命就像一张白纸，它就是一次机会，你可以创造意义，也可以创造无意义；可以创造自由，也可以创造囚禁。

——（印度）奥修

编按：奥修，印度哲学家，教派教主，在印度发起"国际循道者运动"。

生命的意义，不在于活得长久，而在于活得有价值。

——（美国）马丁·路德·金

编按：马丁·路德·金，美国著名民权运动领袖，曾荣获诺贝尔和平奖，1968年4月领导工人罢工后，被人刺杀，年仅39岁。代表作《我有一个梦》。

我的座右铭：
播种一个理想，收获一个计划；
播种一个计划，收获一个行动；
播种一个行动，收获一个习惯；
播种一个习惯，收获一个思想；
播种一个思想，收获一个品格；
播种一个品格，收获一个幸福；
播种一个幸福，收获一个命运；
播种一个命运，收获一个成功；
播种一个成功，收获一个人生。

——（美国）苏珊

生命承诺

我要坚强到没有任何东西能扰乱我内心的平静；
要对遇到的每一个人谈论成功、健康和幸福；
要让所有的朋友感觉到：他们是有价值的；
要对每一件事都抱乐观的态度，并让乐观变成现实；
想最好的，为最好的结果而努力，只期待最好的；
要拿出足够的时间来改进自己，提升自己；
要大度得没有忧愁，要高贵得没有愤怒，要强大得没有恐惧；
要一直面带笑容，时刻准备为你遇到的每个人献出微笑；

要相信自己是最棒的，不是用言辞，而是用行动；
要生活在这样的信念里：只有相信自己是最棒的，全世界才会站在你一边。

——（美国）克里森·D.拉

一切真正有智慧的思想，都已经被人们想过无数遍，但是，要让它们真正成为我们生命的一部分，我们必须再真诚地重想一遍，直到它们在我们的个人经验中扎下根来。

——（德国）歌德

谁要游戏人生，他将一事无成；谁不能主宰自己，他永远是一个奴隶。

——（德国）歌德

人活一辈子都要建设人生，失掉建设人生，没有不垮台的。

——（日本）池田大作

编按：池田大作，日本著名宗教家、作家、日本创价学会会长，曾荣获“联合国和平奖”“爱因斯坦和平奖”，在中国获中日友好“和平使者”称号，“中国文化交流贡献奖”等。

附件：中华名人修身经典学习资料

中华民族，具有5000多年的历史，中华优秀传统文化是中华民族的精神命脉，源远流长，博大精深。它之所以连绵不断、生生不息，在于我们的先贤们，有一种强烈的“修身、齐家、治国、平天下”的情怀，他们以“修、齐”为始，以“治、平”为本，坚持“内圣外王”“内明外用”的高尚追求。“修身、齐家”是千古良训。这种价值观，对于一个自强不息、崇尚道德的民族来说，无论是过去、现在还是将来，都是十分宝贵的精神财富。真正的智慧，可以超越时空，历久常新，我们应该继承这种光荣文化传统，使之更加发扬光大。

现摘录部分中华名人修身经典资料，供学习参考。

1. 荀子：《荣辱》（摘录）

荀子，我国战国时期著名的思想家、政治家、文学家。他继承了孔子学说，但又扬弃其消极部分，成为先秦朴素唯物主义的代表，他强调“所积而致”（经过努力）成圣之道。

荣辱之大分，安危、利害之常体：先义而后利者荣，先利而后义者辱；荣者常通，辱者常穷；通者常制人，穷者常制于人。是荣辱之大分也。朴素者常安利，荡悍者常危害；安利者常乐易，危害者常忧险，乐易者常寿长，忧险者常夭折。是安危利害之常体也。

2. 韩非：《观行》《大体》（摘录）

韩非，战国时期著名思想家，法家学派的主要代表人物，强调讲力利、重法制。

观行（摘录）

古之人目短于自见，故以镜观面；智短于自知，故以道正己。故镜乏见疵之罪，道无明过之怨。目失镜，则无以正须眉；身失道，则无心知迷惑。西门豹之性急，故佩韦以缓己；董安于之心缓，故佩弦以自急。故以有余补不足，以长续短之谓明主。

大体（摘录）

上不天则下不遍覆，心不地则物不必载。大山不立好恶，故能成其高；江海不择小助，故能成其富。故大人寄形于天地而万物备，历心于山海而国家富。

3. 刘向：《说苑》（摘录）

刘向，西汉经济学家、目录学家、文学家，《战国策》主要作者之一。

修身正行，不可以不慎。嗜欲使行亏，馋谀乱正心，众口使意回。忧患生于所忽，祸起于细微，污辱难潇洒，败事不可复追。不深念远虑，后悔当几何！

4. 马援：《后汉书·马援传》（摘录）

马援，东汉开国功臣，著名军事家，代表作有《武溪深行》《诫兄子严敦书》等。

（马援）常谓宾客曰：丈夫为志，穷当益坚，老当益壮。

5. 曹操：《步出夏门行》（摘录）

曹操，我国三国时期著名政治家、军事家、诗人，《步出夏门行》写了作者生命有限而壮志无穷的积极人生观。

神龟虽寿，犹有竟时，腾蛇乘雾，终为土灰。老骥伏枥，志在千里；烈士暮年，壮心不已。盈缩之期，不但在天；养怡之福，可得永年。幸甚至哉！歌以咏志。

6. 刘备：《先主遗诏敕后主》（摘录）

刘备，三国时期蜀汉开国皇帝，他为人谦和，志向远大，素以仁德为人称赞。

人五十不称夭，年已六十有余，何所复恨，不复自伤，但以卿兄弟为念。射君到，说丞相叹卿智量甚大增修，过于所望，审能如此，吾复何忧？勉之！勉之！勿以恶小而为之，勿善小而不为。惟贤惟德，能服于人。

7. 诸葛亮：《诫子书》《诫外生书》

诸葛亮，三国时期政治家、军事家，他所说“非学无以广才，非志无以成学”已成为众多成功人士的修身箴言。

诫子书

夫君子之行，静以修身，俭以养德；非淡泊无以明志，非宁静无以致远。夫学须静也，才须学也；非学无以广才，非志无以成学。淫漫则不能励精，险躁则不能治性，年与时驰，意与日去，遂成枯落，多不接世，悲守穷庐，将复何及！

诫外生书

夫志当存高远，慕先贤，绝情欲，弃凝带，使庶几之志，揭然有所存，恻然有所感。忍屈伸，去细碎，广咨问，除嫌吝，虽有淹留，何损于美趣，何患于不济。若志不强毅，意不慷慨，徒碌碌滞于俗，默默束于凡庸，不免于下流矣！

8. 颜之推：《颜氏家训·勉学》（摘录）

颜之推，南北朝时期文学家。他认为：人生在世不应碌碌无为，而应立身扬名，而要立身扬名，首先要修身，身不修则不能立。

夫学者所以求益耳。见人读数十卷书，便自高大，凌忽长者，轻慢同列；人疾之如仇敌，恶之如鸱枭。如此以学自损，不如无学也。

9. 李世民（唐太宗）：《隋唐嘉话卷上》（摘录）

李世民，唐朝第二位皇帝，杰出的政治家、战略家、军事家、诗人，代表作有《贞观政要》《帝范》等。

以铜为镜，可以正衣冠。以古为镜，可以知兴替。以人为镜，可以明得失。朕常宝此三镜，用防己过。今魏征殂逝，遂亡一镜矣。

10. 魏征：《旧唐书·魏征传》（摘录）

魏征，唐朝政治家、思想家、文学家、史学家，因直言进谏，辅佐唐太宗创建大业，被后人称为“一代名相”。

臣闻为国之基，必资于德礼，君之所保，惟在于诚信。诚信立则下无二心，德礼形则远人斯格，然则德礼诚信，国之大纲，在于父子君臣，不可斯须而废也。

11. 韩愈：《师说》（摘录）

韩愈，唐代著名文学家、诗人，被列为“唐代八大家”之首，他提出的“业精于勤”“提要钩玄”等，已成为学习者的至理名言。

古之学者必有师。师者，所以传道授业解惑也。人非生而知之者，孰能无惑？惑而不从师，其为惑也，终不解矣。生乎吾前，其闻道也固先乎吾，吾从而师之；生乎吾后，其闻道也亦先乎吾，吾从而师之。吾师道也，夫庸知其年之先后生于吾乎？是故无贵无贱，无长无少，道之所存，师之所存也。

12. 刘禹锡：《陋室铭》

刘禹锡，唐代著名文学家、哲学家，他诗文俱佳，有《刘禹锡集》40卷，今存30卷。

山不在高，有仙则名。水不在深，有龙则灵。
斯是陋室，惟吾德馨。苔痕上阶绿，草色入帘青。
谈笑有鸿儒，往来无白丁。可以调素琴，阅金经。
无丝竹之乱耳，无案牍之劳形。南阳诸葛庐，西蜀子云亭。
孔子云：何陋之有？

13. 白居易：《续座右铭》

白居易，唐代著名文学家、诗人。

崔子玉《座右铭》，余窍慕之，虽未能果行，常书屋壁，然其间似有未尽者，因续为座右铭云：

勿慕贵与富，勿忧贱与贫。自问道何如，贵贱安足云。闻毁勿戚戚，闻誉勿欣欣。自顾行何如，毁誉安足论。无以意傲物，以远辱于人。无以色求事，以自重其身。游与邪分歧，居与正为邻。于中有取舍，此外无疏亲。修外以及内，静养和与真。养内不遗外，动率义与仁。千里始足下，高山起微尘。吾道亦如此，行之贵日新。不敢规他人，聊自书诸绅。终身且自勖，身殁贻后昆。后昆苟反是，非我之子孙。

14. 范仲淹：《岳阳楼记》（摘录）

范仲淹，宋代著名文学家、政治家、军事家、教育家。他的“先天下之忧而忧，后天下之乐而乐”的名言，充分表现了他以坚持天下为己任和为国家民族利益而献身的高尚情操。据史书记载，他死后“百姓哭之如父”。

何哉？不以物喜，不以己悲；居庙堂之高则忧其民；处江湖之远则忧其君。——是进亦忧，退亦忧。然则何时而乐耶？其必曰先天下之忧而忧，后天下之乐而乐乎？噫！微斯人，吾谁与归？

15. 张载：《经学理窟》（摘录）

张载，北宋大儒，著名哲学家，理学创始人之一。代表作有《正蒙》《经学理窟》《易说》等，后人编入《张载集》。

人若志趣不远，心不在焉，虽学无成。人惰于进道，无自得达，自非成德君子，必勉勉，至人心不踰矩，方可放下，德薄者，终学不成也。

16. 欧阳修：《五代史伶官传序》（摘录）

欧阳修，北宋著名政治家、文学家，与韩愈、柳宗元、苏轼合称为“千古文章四大家”。代表作有《醉翁亭记》《秋声赋》等。

《尚书》曰：“满招损，谦受益。”忧劳可以兴国，逸豫可以亡身，自然之理也。故方其盛也，举天下之豪杰莫能与之争；及其衰也，数十伶人困之，而身死灭国，为天下笑。夫祸患常积于忽微，而智勇多困于所溺，岂独伶人也哉！

17. 苏轼：《给侄千之书》（摘录）

苏轼，世称苏东坡，宋朝著名文学家、书画家、诗人，“唐宋八大家”之一。苏轼为人率真，深得道家风范。

独立不惧者，惟司马君实与叔兄弟耳。万事委命，直道而行，纵以此窜逐，所获多矣。因风寄书。此外勤学自爱。近来史学凋废，去岁作试官，问史传中事，无一两人详者。可读史书，为益不少。

18. 司马光：《温公家训》（摘录）

司马光，宋代政治家、文学家，其人格堪称儒学教化的典范，主编中国第一部编年史《资治通鉴》。

夫生生之资，固人所不能无。然勿求多余，多余希不为累矣。使其子孙果贤邪，岂蔬粝布褐，不能自营，死于道路乎？若其不贤邪，虽积金满堂，又奚益哉？故多藏以遗子孙，吾见其愚之甚也。

19. 朱熹：《与长子受之》（摘录）

朱熹，宋朝理学家、思想家、哲学家、教育家，是宋代理学集大成者，世尊称为“朱子”。

交游之间，尤当审择，虽是同学，亦不可无亲疏之辨。此皆当请于先生，听其所教。大凡敦厚忠信，能言吾过者，益友也；其谄谀轻薄，傲慢亵狎，导人为恶者，损友也。推此求之，亦自合见得五七分，更问以审之，百无所失矣。但恐志趣卑凡，不能克己从善，则益者不期疏而日远，损者不期近而日亲。此需痛加检点而矫革之，不可荏苒渐习，自趋小人之域。如此虽有贤师长，亦无救拔自家处矣。

20. 陆九渊：《陆九渊集》（摘录）

陆九渊，南宋著名理学家、思想家、教育家，宋明两代“心学”的开山之祖。

良心之在人，虽或有所陷溺，亦未始泯然而尽亡也。下愚不肖之人所以自绝于仁人君子域者，亦特自弃而不求耳，诚能反而求之，则是非美恶将有所甚明，而好恶趋舍将有待强而自决者矣。

21. 文天祥：《正气歌》（摘录）

文天祥，宋朝大臣，文学家，他的诗文抒发了高度的爱国情怀，他在狱中写下的“人生自古谁无死，留取丹心照汗青”表现了把生死置之度外的浩然正气。

天地有正气，杂然赋流形。下则为河岳，上则为日星。
于人曰浩然，沛乎塞苍冥。皇路当清夷，含和吐明庭。
时穷节乃见，一一垂丹青。在齐太史简，在晋董狐笔。
在秦张良椎，在汉苏武节。为严将军头，为嵇侍中血。
为张睢阳齿，为颜常山舌。或为辽东帽，清操厉冰雪。
或为出师表，鬼神泣壮烈。或为渡江楫，慷慨吞胡羯。
或为击贼笏，逆竖头破裂。是气所磅礴，凛冽万古存。
当其贯日月，生死安足论！
地维赖以立，天柱赖以尊，三纲实系命，道义为之根。

22. 顾炎武：《与友人论学书》（摘录）

顾炎武，明末清初思想家、诗人。他所说的“天下兴亡，匹夫有责”，充分反映了他强烈的爱国情怀，已成为人们的座右铭。

愚所谓圣人之道者如之何？曰“博学于文”，曰“行已有耻”。自一身以至于天下国家，皆学之事也，自子臣弟友以至出入、往来、辞受、取与之间，皆有耻之事也。耻之于人大矣：不耻恶衣恶食，而耻匹夫匹妇之不被其泽，故曰“万物皆备于我矣，反身而诚”呜呼，士而不先言耻，则为无本之人。

23. 王夫之：《示子侄》（摘录）

王夫之，明末清初著名历史学家、思想家，世称“船山先生”，他与顾炎武、黄宗羲，并称为明清时期“三大思想家”。代表作有《周易外传》《尚书·引义》等。

立志之始，在脱习气。习气熏人，不醪而醉。其始无端，其终无谓。袖中挥拳，针尖竞利，狂在须臾，九牛莫制。岂有大夫，忍以身试！彼可怜悯，我实惭愧。前有千古，后有百世。广延九州，旁及四裔。何所羁络，何所拘执？焉有骐驹，随行逐队！无尽之财，岂吾之积。目前之人，皆吾之治，持不屑尔，岂为吾累。潇洒安康，无君无系。亭亭鼎鼎，风光月霁。以之读书，得古人之意；以之立身，踞豪杰地。

24. 林则徐：《训次儿聪彝》（摘录）

林则徐，清代政治家、文学家，因其主张严禁鸦片，在中国有民族英雄之誉，被百姓传颂“出淤泥而不染。”

字喻聪彝儿，尔兄在京供职，余又远戍塞外，惟儿奉母与弟妹居家，责任甚重，所当遵守者有五：一须勤学敬师；二须孝顺奉母；三须友于爱弟；四须和睦亲戚；五须爱惜光阴。

25. 梁启超：《题艺蘅馆日记》（摘录）

梁启超，中国近代政治家、思想家、教育家、文学家，戊戌变法（百日维新）领袖之一，中国近代维新派代表人物。

古人于为学，终身与之俱，日计虽不足，月记必须余。业终及形成，匪系聪与愚，偶锲旋复舍，不能摧朽株，盈科进无息，溟幸成尾闾，程功固要终，辨志良在初。